아이와 함께 여행하는 6가지 방법

아이와 함께 여행하는 6가지 방법

초판 1쇄 발행 2017년 1월 12일

지은이 김춘희
발행인 송현옥
편집인 옥기종
펴낸곳 도서출판 더블:엔
출판등록 2011년 3월 16일 제2011-000014호

주소 서울시 강서구 마곡서1로 132, 301-901
전화 070_4306_9802
팩스 0505_137_7474
이메일 double_en@naver.com

ISBN 978-89-98294-29-8 (03980)

※ 이 도서의 국립중앙도서관 출판시도서목록(CIP)은 서지정보유통지원시스템 홈페이지(http://seoji.nl.go.kr)와 국가자료공동목록시스템(http://www.nl.go.kr/kolisnet)에서 이용하실 수 있습니다. (CIP제어번호: CIP2016029329)
※ 잘못된 책은 바꾸어 드립니다.
※ 책값은 뒤표지에 있습니다.

도서출판 더블:엔은 독자 여러분의 원고 투고를 환영합니다. '열정과 즐거움이 넘치는 책' 으로 엮고자 하는 아이디어 또는 원고가 있으신 분은 이메일 double_en@naver.com으로 출간의도와 원고 일부, 연락처 등을 보내주세요. 즐거운 마음으로 기다리고 있겠습니다.

아이와 함께 여행하는 6가지 방법

아이도 엄마도 즐거운 유럽여행

글·사진 김춘희

더블:엔

세상에 어려운 여행은 없습니다

여행에세이《열세 살 아이와 함께, 유럽》을 출간한 후, 여행이야기를 나눌 수 있는 기회가 자주 생겼습니다. '여행' 이라는 공통의 주제가 있으니 분위기는 언제나 따뜻하고 훈훈했지요. 아이들과의 여행이야기를 담은 영상을 보며 눈시울을 붉히시는 분, 이야기가 끝나고 다가와 슬쩍 초콜릿을 건네주시는 분, 120분이라는 긴 시간 동안 한결같이 눈을 빛내며 집중하고 고개를 끄덕이며 공감해주셨습니다.

한 도서관 강연에서였습니다. 강의실 뒤쪽에 앉은 남자분이 굳은 표정으로 한참씩 고개를 숙이고 있었습니다. 그 굳은 표정이 쐐기처럼 박히더군요.

'이번 강연은 망했구나!'

강연이 끝나고, 도서관에서 준비한 도서를 몇 분께 증정해 드리는 시간이었지요. 저자 사인을 기다리는 줄 끝에서 묵묵히 서 계시던 그 분이 제 앞으로 쪽지 한 장을 내밀었습니다.

"아내가 일본사람이라 이름을 받아 적기 힘드실 것 같아서 종이에 적어왔어요."

작은 쪽지엔 그 분과 일본인 아내 그리고 두 딸의 이름이 적혀 있었습니다. 사인을 하며 조심스레 물었습니다.

"그런데 오늘 이야기가 재미없으셨나 봐요. 표정이 어두우시더라구요."

"아! 재미있었습니다. 핸드폰에 메모하느라 바빴는걸요. 도움이 많이 되었습니다."

그는 아내와 아이들만의 여행을 계획중인데 이야기를 듣다 보니 안심이 되었다가도 이내 걱정이 되어 마음을 정하기가 어렵다는 소감을 전했습니다.

책을 읽은 분도 강연을 들은 분도 입을 모으는 부분입니다. 여행의 달콤함 대신 아이들과 직접 맞닥뜨려야 할 까칠한 현실이 더 맵게 다가와 선뜻 용기가 생기지 않는다는 분들이 많았습니다. 까칠한 현실을 통째로 들어내고 보들보들한 비단길만 속삭일 수 있다면 좋겠지만, 그건 여행의 진실이 아닌데 어쩌지요?

대신 그 까칠한 현실을 버텨낼 수 있는 '여행의 힘' 을 전수해 드리기로 했습니다. 낯선 타지에서 아이들을 혼자 책임져야 하는 부담감, 익숙지 않은 언어에 대한 두려움, 안전한 숙소를 찾아야 하는 막막함에 주눅 들지 않고 맞서는 힘입니다. 여행이라는, 결코 친절하지 않은 시간이 아이들에게는 한없이 즐겁고 엄마에게는 더없이 행복한 시간이 되게 하는 쓸 만한 비법입니다.

길 위에서 우러난 진짜배기 정보와 재미만점 스토리를 추렸습니다. 아이들과 여행을 준비하는 모든 엄마들에게, 떠날 용기가 팍팍 전해졌으면 좋겠습니다.

아이와의 여행은, 아이를 '데리고' 떠나는 여행이 아니라 아이와 '함께하는' 여행입니다. 아이들의 힘을 믿어 보세요.

그리고 이 책이 전하는 '여행의 힘' 도요.

세상에 어려운 여행은 없습니다!

2016년 겨울, 김춘희

information

차/례

프롤로그 아이와 함께, 여행 / 우리만의 여행 만들기

Part 001
세상에 어려운 여행은 없어 :: 달인처럼 준비하기

스케줄은 우리 스타일로! 20 / 안전한 여행, 알뜰한 여행 28
전쟁의 시작, 항공권 36 / 필요한 건 스피드, 교통편 42
숙소, 제대로 알고 가자 48 / 숙소, 똑똑하게 골라가자 65
문제없다, 렌트카 여행 70 / 할까 말까? 현지 투어 79

Part 002
빈틈없이, 야무지게! :: 꼼꼼하게 짐 꾸리기

입 짧은 가족, 식량 챙기기 88 / 소심한 엄마, 짐 꾸리기 93
야무지게 돈 챙기기 102

Part 003
여행에도 전략이 필요해 :: 탐험가처럼 여행하기

오감으로 기억하는 여행 108 / 이야기하는 여행 113
도우미가 있는 여행 121 / 포기하는 여행 130
정리하는 여행 135 / 사이좋은 여행 142

Part 004
여행은 생각만큼 친절하지 않아 :: 현지에서 살아남기

영어, 넌 누구냐? 150 / 당황금지! 돌발상황 159
어디서든 위풍당당하게 168 / 아이들과, 식사의 기술 172

Part 005
여행이라기엔 놀이터가 너무 많잖아 :: 아이가 즐거운 여행

팝콘 들고 깔깔깔 180 / 책이랑 뒹굴 185
온몸으로 집중 192 / 바이킹 타고 오싹 198 / 물에서 첨벙 204

Part 006
커피 한잔에 설렐 줄이야 :: 엄마도 행복한 여행

낮의 여유를 즐겨요 214 / 열정을 확인해보아요 220
쇼핑없는 여행이란 있을 수 없잖아요 225
밤의 낭만을 놓치지 말아요 230

에필로그 세상에 뿌려진 시간만큼 / 달라지길 바래
여행하기 좋은 때는 없다

부록 너무 사소하지만 진짜 궁금한! Q&A 35 248

프 / 롤 / 로 / 그

아이와 함께, 여행

온 가족이 함께 여행을 떠날 수 있으면 좋을 텐데 번번이 어긋납니다. 그래서 긴 여행은 언제나 아빠 없이 우리끼리 떠나게 됩니다. 처음 '우리끼리 여행'을 떠나던 날의 떨림을 아직도 기억합니다. 기대와 설렘 때문이 아니라 막막한 두려움과 긴장 때문이었으니까요. 태권도장 근처에도 가보지 않은 열두 살 '소심' 소년과 좀처럼 걷지 않는 다섯 살 '안 걸어요' 소녀를 데리고, 우리끼리 여행을 떠나야 한다니요. 여행이 주는 흥분보다 여행지에서 감당해야 할 부담이 훨씬 컸습니다.

여행은 예상대로였습니다. 처음부터 끝까지 모두 엄마의 몫이었죠. 첫 여행의 마지막 날, 일정을 마무리하고 호텔로 돌아가 짐을 챙겨 공항으로 가야 하는 시각이었습니다. 호텔로 바삐 걷고 있는데, '안 걸어요' 소녀가 졸리답니다. 아이는 품에 안기자마자 잠이

들었습니다. 얼마 가지 않아 아이를 안은 팔에 힘이 빠지고 다리가 후들거리기 시작했습니다. 호텔까지는 백미터도 더 남았는데 단 1미터도 발을 뗄 수가 없었습니다. 아득하게 먼 호텔을 바라보며 한숨을 내쉬고 있을 때 열두 살 큰아이가 다가왔습니다.

"내가 여기서 안고 있을게."

잠든 동생을 제 품으로 옮겨갑니다. 호텔에 가서 맡겨둔 가방만 찾아오면 되니 그 시간이 길지는 않겠지만 낯선 도시, 이름 모를 거리에 두 아이를 남겨두는 일은 겁이 났습니다. 해질 무렵이라 주변은 빠르게 어두워지고 있었으니까요. 하지만 별 수 없습니다. 호텔로 내달렸습니다.

가방을 끌고 돌아오는 길, 멀리 남매가 보입니다. 붉은 노을이 도심에 깔리고, 낮은 나무의자에 작은 남자아이가 더 작은 여자아이를 안고 있습니다. 이어폰을 꽂고 고개를 까딱거리며, 잠든 동생의 궁둥이를 토닥이고 있네요. 저녁노을에 붉어진 아이의 뒷모습이 유난히 커 보입니다. 이 여행의 보호자는 나 혼자가 아니었습니다.

아이들과 여행을 할 때, '우리끼리' 이기 때문에 두렵기도 하지만 '우리끼리' 이기 때문에 더 강해집니다. 닥친 문제를 의논하고 지혜를 모읍니다. 아빠 엄마와 함께 여행할 때 승용차 뒷좌석에서 게임을 하거나 잠을 자던 아이들이 아니었습니다. 적극적으로 길을 찾고 식당을 찾고 숙소를 찾아 앞장섭니다. '우리끼리' 여행에서 가장 큰 빈자리인 아빠의 자리를 우리 모두가 조금씩 나눠서 메우게 됩니다. '우리끼리' 여행은 엄마와 아이들이 공평하게 주인이 되는 여행입니다. 더 많은 책임감을 느끼고 더 무거운 부담감을 지게 되지만 아이들은 그만큼 커 갑니다.

아이들과 떠나는 '우리끼리' 여행은, 그래서 누구라도 할 수 있습니다. 겁쟁이 엄마라도 문제없습니다. 엄마가 약해지면 아이들이 강해집니다. 하지만 세상에 엄마와 아이들 뿐인 여행에서 약해질 엄마는 단 한 명도 없습니다.

아이들은 최고의 여행 파트너입니다.

큰아이가 5학년이 되었을 때 우리는 처음으로 '우리끼리' 여행을 떠났습니다. 여행에서 가장 중요한 테마는 '안전하게, 재미있게' 였지요. 흥미로운 볼거리와 안전한 여행이 보장되는 곳, 우리는 호주로 향했습니다. 5학년, 다섯 살인 두 아이와 2주 동안 시드니, 브리즈번 등을 여행하며 도심과 자연을 고루 즐겼습니다.

큰아이가 6학년 때 두 번째 '우리끼리' 여행을 떠났습니다. '더 크고 넓은 세상 속으로' 라는 테마를 가지고 영국, 프랑스, 벨기에, 네덜란드 등 서유럽 4개국을 30일간 여행했지요. 누가 여행이 낭만적이라 했던가요? 30일간의 여행이야기를 담은《열세 살 아이와 함께, 유럽》을 읽은 한 독자는 '이보다 리얼한 여행기가 있을까?' 라고 평을 남겨주셨더군요. 여행은 낭만이 아니라 현실이었습니다.

큰아이가 고등학교 입학을 앞둔 중3 겨울방학 때 우리는 세 번째 '우리끼리' 여행을 떠났습니다. 오스트리아, 이탈리아로 떠난 30일짜리 여행의 테마는 '고등 3년분 에너지 충전' 이었지요. 여행 비수기에 떠난 겨울 여행은 냉탕과 온탕을 오가는 시간이었습니다. 여유로웠다가 이내 외로워지고, 신났다가도 금세 막막해지곤 했지요. 어째서 여행은 매번 이리 새로울까요?

아이들과 떠난 세 번의 '우리끼리' 여행은 '참 잘했어' 보다 '그러지 말걸' 하는 기억이 더 많습니다. 후회 그득한 그 시간들로 인해 엄마여행자의 내공은 깊어졌습니다. 엄마도 아이들도 더 단단해졌습니다. 더 지혜로워졌습니다.

우리만의 여행 만들기

"어디가 제일 좋았어요? 아이들과 여행할 만한 곳 좀 추천해주세요." 이웃들이 자주 묻습니다.

질문을 받을 때마다 우리의 여행을 되짚어보게 됩니다.

네덜란드 암스테르담에서 우리가 묵은 숙소는 테라스 너머로 암스테르담 강이 보이는 작은 아파트였습니다. 운동화의 무게마저 버거울 만큼 지치고 힘든 하루를 보낸 후 들어온 우리의 숙소. 애간장을 태우던 시간이 모두 지나고 간신히 찾아온 평온입니다.

아이들이 잠든 밤, 살금살금 주방으로 걸어가 커피 한잔을 만들어 옵니다. 조용조용 의자를 끌어와 창가에 다가 앉습니다. 통나무처럼 묵직한 두 다리를 탁자위에 걸치고 나니 그제야 고여 있던 한숨이 새어 나옵니다. 열린 테라스로 밤바람이 비집고 들어옵니다. 바람 냄새와 물 냄새 그리고 커피향이 뒤섞인 가을바람입니다.

가장 힘든 하루를 보내고 맞는, 가장 보드라운 암스테르담의 밤을 잊을 수 없습니다(《열세 살 아이와 함께, 유럽》의 '긴 하루' 편에 지치고 힘든 하루의 이야기가 실려 있답니다).

이탈리아의 부라노Burano섬은 베네치아에서 배로 40분 거리에 있는 작은 어촌마을입니다. 배에 탄 백여 명의 승객 중 절반이 한국여행자일 정도로 한국인에게 아주 인기있는 섬입니다. 가수 아이유의 뮤직비디오에 등장하면서 더욱 알려졌다고 합니다. 부라노섬은 알록달록한 색감의 건물이 볼거리입니다. 예전에 어부들이 집으로 돌아올 때 비슷한 모양과 색으로 인해 자기 집을 구별하기 힘들어서 색을 칠하게 되었는데 지금은 그 색이 마을의 상징이 되었습니다.

우리가 부라노섬에 가기로 예정한 날, 아침부터 몹시 흐렸습니

아이들과 함께 떠난 세 번의 '우리끼리' 여행을 통해
엄마도 아이들도 더 자라고 더 단단해졌습니다.

다. 아드리아해를 달려 섬에 도착했을 때에도 여전히 하늘은 무거웠습니다. 선착장 자판기에서 카푸치노 한 잔을 뽑아들고 본격적으로 마을구경에 나섰지요. 화사한 파스텔톤의 마을은 예뻤지만 인터넷에서 무수히 보았던 사진만큼은 아니었습니다. 날씨 때문이기도 하고 사진 기술 때문이기도 했겠지요. 어쨌든 실망스러웠습니다.

'이럴 줄 알았으면 유리공예로 유명한 무라노Murano섬에 가서 유리목걸이를 만들걸!'

그때 작은아이가 환호성을 지릅니다.

"엄마! 동화마을 같아!"

노란집, 분홍집으로 아이가 달려갑니다. 어느 색깔이 제일 예쁘냐며 어느 집에서 살고 싶으냐며 연신 종알거립니다. 빨래를 왜 벽에 매달았냐며 고개를 갸웃거리고 조르르 진열된 유리공예품들을 진지하게 들여다봅니다. 폴짝거리는 아이의 활기 덕에, 수시로 튀어나오는 아이의 감탄 덕에 마을이 점점 예뻐집니다. 마지막 배 시간에 맞춰 섬을 떠날 때쯤 부라노섬은 우리에게 가장 예쁜 마을이 되어 있었습니다.

프랑스의 오베르 쉬르 우아즈Auvers-Sur-Oise는 파리에서 기차로 한 시간 가량 이동하면 닿을 수 있는 조용한 마을입니다. 작은 마을 오베르는 화가 고흐가 생의 마지막 나날을 보낸 곳입니다. 화가가 머물렀던 좁은 방이 남아 있고 화가와 그의 동생의 무덤이 있습니다. 고흐는 마을 곳곳을 그림에 담았고, 마을은 그림 안내판을 세워 두었습니다. 마을의 수고 덕분에 실제 마을과 그림으로 옮겨진 마을을 비교하며 돌아볼 수 있습니다.

가을여행의 마지막 날, 우리는 오베르를 찾았습니다. 승객도 역무원도 없는 조그만 역을 벗어나자 마자 우리는 곧장 빵집으로 직진했습니다. 작정하고 꼬드기는 갓 구운 빵 냄새를 당해낼 수 없더군요. 한 손엔 마을 지도, 다른 손엔 따끈한 초코빵을 들고 마을탐험에 나섰습니다. 삐쩍 마른 화가의 동상과 사진을 찍고, 좁은 오솔길 끝에 있는 화가의 무덤에 노란 들꽃을 얹으며 우리는 많은 이야기를 했습니다. 맛있는 초코빵 이야기와 화가의 우울한 삶과 우리의 아쉬운 여행 이야기를.

이야기로 풍성했던 여행의 마지막 하루였습니다. 눈을 뺏길 화려함이 없어서, 귀를 뺏길 소란스러움이 없어서 우리에게 집중할 수 있었던 하루였지요. 호젓한 산책, 달콤한 간식 그리고 우리의 영원한 우상이 있는 오베르는 다시 한번 걷고 싶은 마을입니다.

누가 물어도, 여기는 '우리의 베스트' 입니다. 하지만 이웃에게는 더 인상적이고 확실한 볼거리, 누구라도 인정할 만한 장소를 추천합니다. 개인적인 경험보다는 교통, 안전, 물가, 청결, 풍경 등 객

관적인 정보를 고려하게 됩니다. 우리에게 잊을 수 없는 곳, 예쁜 곳, 다시 가고 싶은 곳에는 조건이 있으니까요. '우리에게' 라는.

우리만의 이야기가 없다면 그 장소들은 그저 피곤한 몸을 뉘인 숙소, 사진보다 못한 어촌의 마을, 초코빵만 맛있었던 우울한 동네로 기억될지도 모릅니다. 여행지가 특별해지는 건 '이야기' 라는 옷이 입혀지기 때문입니다. 우리만의 이야기 말입니다.

맛있는 파스타를 먹고 살랑살랑 엉덩이춤을 추던 아이를 보며 깔깔거렸던 나폴리, 모자를 잃어버렸다가 간신히 되찾은 아이가 엉엉 울었던 잔세스칸스, 콩닥거리는 불안함을 안고 운전대를 처음 잡은 피렌체.

우리의 이야기로 인해 여행지는 의미 있어지고 오래 기억됩니다.

잊지 못할 여행지란 결국 잊지 못할 시간을 품은 곳입니다.

지금부터, 잊지 못할 우리만의 여행지를 만들어 볼까요?

1

세상에 어려운 여행은 없어

달인처럼 준비하기

스케줄은 우리 스타일로!

해외여행이 어디 쉬운 일인가요? 평생 처음 떠나는 사람에게도 익숙한 사람에게도 여행은 설레는 일입니다. 그 시간이 더 행복하기를, 더 즐겁기를 기대하기 마련입니다. 그리고 그 기대감 사이로 쓰윽 고개를 디미는 '욕심'이라는 녀석을 무시할 수 없습니다.

"큰 맘 먹고 왔는데 제대로 봐야지!"

"다른 사람들도 이 코스로 돌았다잖아. 우리도 할 수 있어!!"

선배여행자들은 어쩌면 그리도 건강하답니까. 어느 사진에서도 지친 기색 없이 찡그린 표정 하나 없이 밝고 맑습니다.

좋습니다. 그들이 하는데 우리는 왜 못한단 말입니까?

회심의 미소를 지으며 일정을 잡아 봅니다. 수학여행 부럽지 않은 스케줄입니다. 대중교통을 타고 다니며 수학여행 스케줄을 소화해야 한다니요. 강철체력을 가진 청춘에게만 권하는 바입니다.

영국여행 중, 우리는 런던에 머물며 하루 일정으로 옥스퍼드에 다녀오기로 했습니다. 런던에서 기차를 타고 한 시간 거리에 있는 옥스퍼드에 도착했습니다. 예산을 훌쩍 넘긴 값비싼 점심을 먹고 낙엽이 떨어지기 시작한 옥스퍼드대학의 교정을 걸었습니다. 구내 상점에서 대학 로고가 큼지막하게 인쇄된 도톰한 후드티를 사 입고 슬렁슬렁 시내도 기웃거렸습니다. 다시 기차를 타고 런던으로 돌아오니 저녁 6시. 저녁을 해먹었는데도 고작 7시였습니다. 오랜만에 가지게 된 여유로운 초저녁 시간입니다. 우리는 런던 야경을 보러 가기로 했습니다. 가볍게 나선 저녁산책이었습니다. 지하철을 타고 얼마 동안 걸어 타워브리지 앞에 도착했습니다.

아! 달빛을 받은 타워브리지를 직접 보다니!

'멋짐' 이라는 단어 없이 타워브리지의 자태를 설명할 수 없었지요. 카메라를 꺼내들지 않을 수 없었습니다.

하지만 감동은 거기에서 끝났습니다. 여섯 살 작은아이가 몸도 가누지 못할 만큼 반수면 상태였습니다. 야경을 본다며 즐겁게 숙소를 나선 지 고작 30분만의 일입니다. 아침부터의 일정을 생각하면 당연한 일이지요. 너무나 당연한 일을 예측하지 못한 죄로, 아이를 안았다가 업었다가 생고생을 하며 숙소로 돌아와야 했습니다.

아이들과 함께 '하루에 한 지역!' 이라는 진리를 잊으면 곤란해지고 맙니다. 한 군데가 아쉽게 생각되거나 일정이 간단한 날에는 예비장소를 한 곳씩 정해두면 좋습니다. 반드시 가야 할 곳, 놓쳐서는 안 될 곳으로 메인장소를 정하고, 이동거리 범위 내에 있는 곳으로 예비장소를 정해두면 상황에 따라 예정된 곳을 모두 둘러볼 수 있습니다.

네덜란드에서 우리가 꼭 가고 싶었던 곳은 '안네의 집' 이었습니다. 가는 길목에 있는 '꽃시장' 을 예비장소로 찜해두고 길을 나섰지요. 폐장시간을 고려하여 꽃시장에 먼저 들른 다음, 안네의 집에서 시간을 보냈습니다.

안네의 집에서 충분히 시간을 보내고 돌아와 여유롭게 저녁을 해 먹었습니다(런던 야경을 보러 나섰다가 절절한 깨달음을 얻은 다음입니다). 아이들은 낄낄거리며 놀고 저는 암스테르담 강을 내려다보며 커피를 마셨습니다. 샤워가운을 걸친 옆방아줌마가 들락거리며 눈치를 주는 바람에 평소보다 일찍 잠자리에 들었으니 다음 날 아침은 더욱 상쾌했습니다.

하루 한두 곳이라니요? 너무 적은 것 같지요? 그런데 말입니다. 암스테르담 시내를 걸으며 뾰족한 집 모양이 특이하다고 조잘거리고, 꽃시장에서 처음 본 꽃들의 향기를 맡으며 이름을 알게 되고, 어두침침한 안네의 집에 들어가 큰아이와 같은 나이였던 열세 살 소녀의

삶을 생각해보는 여행. 마음으로 느끼는 건 절대 적지 않습니다.

우리는 소도시 주민입니다. 서울에 가려면 버스를 타고 한 시간, 백화점에 가려면 가까운 도시까지 차로 10분 이상 이동해야 합니다. 동네 상가에 나가면 10분에 한 번꼴로 아는 이와 인사를 나누게 되는 아담한 도시입니다. 이 도시에 익숙해진 우리는 빠르지만 복잡한 도로보다 둘러가더라도 한산한 시골길을 택하는 편입니다. 사람이 많은 곳, 시끄러운 장소에선 혼이 빠져나가는 것 같아 가까운 곳의 꽃축제 한번 들러보지 못했습니다. 그래서 이탈리아 여행은 조용한 소도시 위주의 여행을 하기로 했습니다. 얼마나 느긋하고 한가하고 평화로울까요? 기대가 컸습니다.

이탈리아 여행에서 처음으로 들른 소도시는 오르비에또Orvieto였습니다. 오르비에또는 슬로우푸드 운동이 시작된 슬로우시티입니다(슬로우푸드slow food 운동이란, 빠르게 만들고 빠르게 먹는 패스트푸드가 아닌, 천천히 시간을 들여 만드는 전통 음식 · 재료 · 포도주 등을 먹자는 운동으로, 삶의 속도를 늦추려는 '느리게 살기'와 뜻을 같이 합니다). 이탈리아 중부 평원의 특색을 지닌 여러 도시 중 오르비에또는 단연 매력적이었습니다. 슬로우시티라는 명성에 어울리게 느긋한 여유로움이 느껴졌습니다. 북적거림, 소음, 교통 체증, 주차난 따위는 없었습니다. 절벽 위에 세워진 요새 도시 오르비에또를 빙 두른 성벽 위에서니, 발 아래로 낮은 구릉이 그림처럼 펼쳐졌습니다. 애쓰지 않아도 저절로 마음이 고요해지는 풍경입니다.

그때였습니다. 관광버스 한 대가 달려와 멈추어 섰지요. 관광객들이 우르르 몰려 내리더니 성벽 전망대에 서서 셀카봉을 들고 사진을 찍기 시작합니다. 시끌시끌하게 한바탕 호들갑을 떤 그들이, 시동도 끄지 않고 대기 중인 버스에 다시 오릅니다. 그들의 수선보다 더 요란한 소리를 내며 버스는 사라져갔습니다. 이 모든 일이 일어나는데 채 10분도 걸리지 않았습니다.

" 슬로우시티를 저런 식으로 여행하다니!"

개탄을 금할 수 없었습니다. 도시마다 어울리는 여행법이 있기 마련인데, 느림이 모토인 이 도시를 셀카 몇 장으로 훑는 여행이라니! 이건 아니지 않느냐고 아이들과 함께 성토했습니다.

하지만 우리는 그들을 싣고 떠난 새빨간 관광버스에서 눈을 떼지 못했습니다. 시내 한복판에서나 만날 수 있는 여행자들, 오후 2시만 되면 문을 닫는 상점, 덩달아 사라지는 주민들. 겨울 오르비에또는 한가하다 못해 적막했고 여유롭다 못해 지루했습니다.

간신히 찾아 들어간 레스토랑에서는 주문하는 데 10분이 걸렸습니다. 그리고 음식이 나오는 데 30분, 계산서를 받아들기 까지 다시 10분, 돈을 내고 거스름돈을 받기 까지 또 10분이 걸렸습니다. 10분 동안 식사하기 위해 60분을 기다려야 했습니다. 그마저 종업원과 열렬히 눈 맞추어 주문이 이루어졌기에 가능한 시간입니다. 그들에겐 한없이 여유로운, 우리에겐 한없이 속터지는 슬로우시티의 식사법이었습니다.

셀카봉을 든 관광객 무리가 오른 관광버스 안에는 사람들이 많겠지요? 수다로 시끌시끌하겠지요? 눈요깃거리 넘치는 화려한 쇼핑센터로 가겠지요?

아! 우리는 도시 스타일이었습니다. 그러고 보니 우리가 사는 곳은 백화점이 10분 거리에, 영화관이 5분 거리에 있으며 동네 상가에서 어지간한 편의를 모두 누릴 수 있는, 작지만 도시의 기능을 갖춘 곳이었습니다. 복잡하지 않으면서도 활기가 느껴지는 곳, 적당한 문화생활을 누릴 수 있는 곳, 그러니까 우리는 여유와 활기, 느린 산책과 신나는 쇼핑 모두를 원하는 여행자였던 겁니다. 여유롭고 한가로운 소도시 여행은 하루 이틀의 체험으로 충분한 스타일이었군요. 겨울 소도시 여행을 하지 않았더라면 언제까지나 소도시 여행에 대한 로망을 가지고 살았겠지요?

우리 가족의 여행 스타일은 어떤지 진지하게 생각해 보는 시간이 필요합니다. 스타일에 맞춰 목적지와 기간을 정해서 일정을 짜면 만족스런 여행을 즐길 수 있으니까요. 잘 모르겠다면 대도시와 소도시 여행이 섞인 '골고루 여행'을 권합니다. 첫 여행지는 활기를 느낄 수 있는 대도시로, 여행이 익숙해진 중반에는 우리만의 시간을 누릴 수 있는 소도시로, 그리고 마지막엔 쇼핑하는 재미가 있는 대도시에서 여행을 마무리하는 게 좋습니다.

여행도 공부와 다르지 않습니다.

반복할수록 잘하게 됩니다.

나만의 방법을 찾게 됩니다.

이탈리아 오르비에또의 오후 1시

안전한 여행, 알뜰한 여행

우리 스타일대로 일정도 결정했으니 이제는 예산을 짜볼까요? 용기, 의지 운운하지만 여행을 떠날 수 있게 등을 밀어주는 건 결국 돈입니다. 항상 용기가 부족하듯 경비도 넉넉하지 못합니다. 그래서 우리의 여행은 언제나 알뜰여행입니다. 아이들과 무작정 아끼는 자린고비 여행을 할 수는 없으니 경비를 실속있고 야무지게 써야 합니다.

항공권을 제외하고 크게 세 그룹으로 예산을 나눕니다.

숙소는 하루 10만원

숙소는 3인 기준 하루 10만원으로 책정합니다. 물가가 저렴한 나라를 제외하고 실제로 10만원으로 세 사람이 묵을 수 있는 호텔은 그리 많지 않습니다. 최소한의 시설을 갖춘 이코노미급 호텔마저도

3인이라는 옵션을 지정하면 10만원을 거뜬히 넘깁니다. 고작 몇 만원 차이인데 몇 배나 근사한 객실 사진 앞에서 우리는 흔들립니다. 그 타이밍에 아이들의 얼굴은 왜 그리 잘 떠오른답니까?

'저 근사한 호텔방에 머문다면 아이들이 정말 좋아할 텐데…. 이왕 가는 거 여기로 결정할까? 다른 데서 줄이지 뭐!'

하지만 우리는 그 '다른 데' 에서도 지금처럼 똑같이 흔들리고 말겁니다. 그러므로 반드시 '예산' 이라는 강력한 방어막을 만들어 두어야 합니다.

상대적으로 가격이 비싼 호텔에 집착하지 말고 가격의 폭이 다양한 호스텔이나 비앤비 등 다른 형태의 숙소도 고려하기를 추천합니다. 호텔 숙박에서 초과된 예산을 보다 저렴한 숙소를 이용하여 보완할 수 있으니 전체 예산 범위 내에서 융통성 있게 조율합니다.

식비도 하루 10만원!

식사와 간식을 포함하여 3인 기준 하루 10만원으로 정합니다. 한 끼당 대략 3만원, 1인당 매끼 1만원선이며 나머지 1만원은 간식비입니다(30일 여정이라면 전체 식비 예산도 300만원이 됩니다). 파스타 한 접시에 보통 10유로가 넘으니 한 끼만 먹어도 만원이 넘습니다. 스테이크라도 먹을라치면, 나머지 두 끼는 어쩌나 하는 고민에 빠지게 됩니다. 이거, 실현가능한 금액일까요?

실현가능합니다! 우리는 조식이 포함되지 않은 숙소에서는 아침식사로 주로 누룽지를 끓여먹었습니다. 취사가 여의치 않은 숙소에서는 전날 장을 봐온 빵이나 요거트 등으로 아침식사를 했지요. 그러다보니 아침식사 비용은 슈퍼에서 장을 본 금액 정도였습니다.

점심은 거의 외식입니다. 패스트푸드점에서 햄버거 등을 먹을 경우엔 2,3만원, 캐주얼한 레스토랑에서 파스타나 로스트 비프 등을 먹을 경우 3,4만원선에서 점심식사가 해결되었습니다. 특별한 메뉴를 먹는 날을 제외하고 저녁식사는 숙소에서 먹었습니다. 슈퍼에서 장을 봐 요리를 하고, 한국에서 가져온 우리 음식을 먹기도 했습니다. 5만원어치 장을 보면 이틀 저녁식사로 충분하더군요. 도시의 대표음식을 먹는 날을 정해서 1주일에 한두 번은 맛집을 찾아가 맛나고 근사한 저녁을 즐기기도 했습니다. 이탈리아의 파스타는 본고장의 맛답게 깊은 풍미가 느껴졌으며 프랑스 니스의 굴 요리는 개운하고 짭조름한 향이 기억에 남습니다. 돈까스 탄생에 영감을 주었다는 오스트리아의 슈니첼은 딸기잼 소스와 함께 등장하여 강렬한 인상을 남겨주었습니다. 아이들에게 사랑받은 크레페나 젤라또도 여시 그리운 맛입니다. 아침은 간단히, 점심은 현지식으로, 저녁은 한식으로 먹다 보니 식비는 큰 부담이 되지 않았습니다. 하루 10만원의 식비, 충분했습니다!

교통비와 관광비 합쳐 하루 10만원!

역시 3인 기준 하루 10만원으로 정합니다(30일 일정이라면 교통 · 관광비 역시 300만원이 됩니다). 교통비와 관광비가 합쳐진 금액이니 각각 5만원인 셈입니다.

교통비에는 시내 교통비와 도시간 이동비용이 포함됩니다. 불가피한 경우를 제외하고 현지에서 택시 타는 일을 줄이면 교통비 지출이 상당히 줄어듭니다. 시간 여유를 충분히 계산해서 이동하고, 지하철 노선을 숙지하고 있으면 실제로 택시를 탈 일은 많지 않습니다. 다른 교통수단에 비해 비싼 택시비 지출이 적으면 교통비 부담을 덜 수 있습니다. 3일 이상 한 도시에 머물 경우에는 대중교통 프리패스를 구입하는 게 이득입니다.

아이들은 나이에 따라 다른데 교통비가 무료인 나라가 많습니다. 영국은 만 11세 미만 어린이가 보호자와 동행할 경우 대중교통비가 무료입니다. 프랑스는 만 4세 미만의 아동은 무료이며 만 4세에서 11세는 성인요금의 절반인 어린이 요금을 지불합니다. 만 4세인 아이가 영국에서는 무료로, 프랑스에서는 어린이 요금으로 대중교통을 이용하는 것이죠. 나라마다 규정이 다릅니다. 사전에 해당 여행국의 규정을 확인하고 떠난다면 좋겠지만, 현지에서 직접 확인해도 무방합니다. 버스나 트램의 경우, 운전기사의 재량에 따라 요금을 덜 내기도 하고 아예 내지 않는 경우도 있으니까요.

아이들의 교통비가 발생한다고 감안해도 5만원의 교통비로 하루 여행을 충분히 즐길 수 있습니다. 잠깐, 한국에서 사전예약한 도시간 이동 교통비가 교통비 예산에 포함된다는 사실을 잊으면 곤란합니다. 벨기에 브뤼셀에서 프랑스 니스로 가는 항공요금은 3인 25만원이었습니다. 5일분 교통비입니다. 시내 교통비는 많지 않으나 도시간 이동경비가 교통비의 상당부분을 차지합니다.

관광비는 주로 관광지 입장료입니다. 방문하고 싶은 장소의 입장료를 계산하다 보면 상당한 금액에 놀라게 됩니다. 이내 새로운 고민에 빠지게 되지요. 인기관광지 여러 곳을 자유롭게 입장할 수 있는 '투어패스' 때문입니다. 파리 뮤지엄 패스Paris Museum Pass는 여행자들에게 많이 알려진 투어패스입니다. 파리 및 인근 지역의 박물관과 미술관 등 60여 곳을 일정 기간 동안 무제한으로 이용할 수 있으며, 루브르 박물관과 오르세 미술관 그리고 베르사유 궁전도 입장이 가능합니다.

마음을 다잡고 계산기를 두드려보아야 할 시점입니다. 파리 뮤지엄 패스 2일권은 48유로입니다(2016년 기준). 2일권은 연속된 이틀 동안 사용해야 합니다. 첫날 루브르 박물관(15유로)과 오르세 미술관(12유로)을 관람하고 둘째날 베르사유 궁(18유로)과 로댕미술관(11.3유로)을 방문한다면 개별 입장료보다 약 8유로를 절약할 수 있는 알뜰한 패스입니다. 물론 이 일정대로 갈 수 있다면 말입니다. 오전 시간만 머물기로 하고 오전 10시에 들어선 루브르 박물관에서 우리는 오후 4시에 나올 수 있었습니다. 아침 일찍 기차를 타고 나들이 가듯 구경 간 베르사유 궁은 기차역 앞 패스트푸드점에서 저녁식사까지 해결하고 나서야 돌아왔습니다. 조예가 깊어서 대단한 관심이 있어서 샅샅이 돌아본 게 아닌데도 시간이 훌쩍 가버리더군요. 아이들과 함께하는 엄마여행자에게 투어패스는 필요하지 않았습니다. 하루 세 곳을 방문하면 쏠쏠한 이득이지만 두 곳을 방문하면 원가와 비슷하고, 한 곳만 방문하면 손해입니다. 입장료 절약 이외에 패스 소지자 우선입장이라는 장점이 있습니다만 여행자가 많은 시즌엔 이 또한 큰 도움이 되지 못합니다. 성수기엔 투어패스 소지자도 그만큼 많으니까요.

기쁘게도, 어린이와 청소년의 입장이 무료인 박물관이나 유적지가 꽤 많았습니다. 대영박물관은 입장료 자체가 없었고 콜로세움은 청소년과 어린이의 입장이 무료였습니다. EU 가입국의 청소년에 해당된다는 정보를 읽고 갔으나 국가에 상관없이 무료입장의 혜택을 받을 수 있었습니다.

중요한 세 가지 예산 이외에, 예비비도 챙겨두어야 합니다. 우리는 하루 3만원으로 정했습니다(한 달 기준 대략 100만원). 예비비는 예산을 초과하는 일이 발생했을 때 긴급하게 사용할 목적으로 떼어둔 비용이지만 실제로는 현지에서 기념품을 사거나 예정 외의 쇼핑을 할 때 주로 사용했습니다(쇼핑도 긴급한 일이니까요!).

현장에서 여행하다 보면 예상하지 못한 지출이 발생하게 마련입니다. 예산은 어디까지 예산입니다. 현장상황을 잘 판단하고 예산을 고려하여 무게중심을 잡아야 합니다. 알뜰한 여행을 하는 게 우리의 모토지만, 진짜 중요한 건 안전한 여행이니까요.

빈 미술사 박물관

파리 루브르 박물관

런던 대영박물관 (위) 로마 콜로세움 (아래)

전쟁의 시작, 항공권

과연 갈 수 있을까, 괴로운 고민의 순간이 막 지났습니다. 하지만 진짜는 지금부터입니다.

어떤 이는 1년 전에 항공권을 구매하는가 하면, 어떤 이는 한 달 전에 원하는 항공권을 구하기도 합니다. 항공권 구매 시기에 대한 정답은 없습니다. 1년 전에 저렴한 항공권을 구매할 수도 있지만 3개월 전에 프로모션 항공권을 저렴하게 잡을 수도 있으니까요. 여행경비의 상당 부분을 차지하는 항공권을 저렴하게 구매하는 건 자유여행자에게 행운입니다. 분명한 건, 더 빨리 결정한 여행자에게 그 행운이 돌아갈 확률이 크다는 것이지요.

여행지와 여행시기가 결정되면 이제는 속도전입니다. 할인항공권 판매 사이트를 내 집처럼 들락거리며 우리에게 적당한 항공권을 찾아야 합니다. 예산, 출발 · 도착시간, 항공사의 특징 등을 고려해 깐깐하게 추려냅니다.

항공권을 선택하기 전에 우선, 도착IN 도시와 출발OUT 도시를 결정합니다. 왕복이라는 의미를 고려할 때 도착 도시와 출발 도시가 같아야 한다고 생각하기 쉽지만 출발 도시와 도착 도시가 동일한 티켓을 가지고 떠나는 여행자는 많지 않습니다. 여행의 대략적인 여정이 결정되었다면, 여행의 시작 도시와 마지막 도시를 결정합니다. 가령 영국과 프랑스를 여행할 예정이고, 런던에서 여행을 시작해 파리에서 끝낼 계획이라면 런던 도착 파리 출발인 항공권을 끊으면 됩니다. 런던 인 파리 아웃 항공권이라고 간편하게 부릅니다. 인아웃 도시가 달라지는 경우에는 약간의 항공료 변동이 있습니다. 하지만 여행을 시작한 처음 도시로 돌아가는 경비와 수고로움을 따져본다면 부담이 훨씬 덜합니다.

같은 나라 내에서도 인아웃 도시를 별도로 선정하는 게 가능합니다. 우리는 호주 여행을 할 때 시드니 인 브리즈번 아웃의 일정으로 항공권을 구입했습니다. 인아웃 도시를 따로 지정하게 되면 전체 여정의 범위가 넓어지므로 보다 먼 지역까지도 여행을 시도해볼 수 있답니다.

경유항공권은 비용을 줄일 수 있는 항공권입니다. 출발 도시에서 최종목적지까지 논스톱으로 날아가는 비행기를 직항, 여정 중간에 제3의 도시에서 멈추거나 갈아타는 경우를 경유한다고 합니다. 파리로 여행할 경우, 우리나라 항공사나 프랑스 항공사를 이용하면 직항으로 운행합니다. 파리로 여행할 예정인데 독일항공사를 이용한다면 항공사의 자국 도시인 뮌헨이나 프랑크푸르트 등에서 파리행 비행기로 갈아타야 합니다(갈아타는 경우도 있고 기내에서 대기만 하는 경우도 있습니다. 경유도시와 경유시간은 항공권 세부사항에 안내되어 있습니다). 당연히 비행시간이 길어집니다. 대기하는 시간과 갈아타는 시간이 포함되기 때문에 출발에서 도착까지 15시간에서 20시간이 넘게 걸리기도 합니다. 캐세이퍼시픽 항공을 타고 홍콩을 경유하여 런던에 도착했던 여정에서는, 경유시간 3시간을 포함해 18시간이 걸렸습니다. 에어차이나를 타고 북경을 경유해 오스트리아 빈에 도착했을 때는 21시간이 걸렸고요. 북경 공항에서 대기하는 시간이 무려 7시간이었거든요.

이렇게 시간이 많이 걸리는 단점이 있음에도 우리는 경유편 항공권을 주로 이용합니다. 두 가지 유용한 장점이 있기 때문이지요.

우선, 시간 소모의 주범인 경유지를 '여행' 할 수 있습니다. 경유지에서는 공항 내에서 다음 비행기를 기다리며 시간을 보낼 수도 있지만 스탑오버**stop over** 라는 제도를 활용해 경유도시를 여행할 수도 있습니다. 항공권의 조건에 따라 스탑오버 가능 유무, 횟수, 추가 비용 여부가 제각각입니다. 우리가 구입한 캐세이퍼시픽 항공 런던행 티켓은 홍콩에서 왕복 1회씩 무료로 스탑오버가 가능했습니다. 우리는 귀국길에 홍콩에서 1박 2일 스탑오버를 하며 홍콩 깜짝여행을 즐길 수 있었지요.

경유지 체류일수는 항공권의 유효기간 내에서 조정이 가능합니다. 30일짜리 항공권은 귀국편 비행기를 30일 이내에 타야 한다는 의미이므로 그 기간 내에서 경유도시 체류일자를 결정하면 됩니다. 우리는 주로 출발편 비행기는 공항에서 대기하는 스케줄을 짜고 귀국편 비행기에 스탑오버를 하는 편입니다. 새로운 도시에서의 짧은 여행은 끝나가는 여행의 아쉬움을 달래기에 좋더군요. 캐세이퍼시픽 항공을 이용했던 여행에서는 홍콩에서 1박 2일을, 에어차이나 항공을 이용한 여행에서는 북경에서 2박 3일 여행을 보너스로 즐기고 왔습니다. 경유편 항공기의 장점은 바로 보너스 여행이 가능하

다는 점입니다. 그 점을 활용해 여행일정을 짤 수도 있습니다. 오로라를 보고 싶어 하는 작은아이와 콜로세움을 보고 싶어 하는 큰아이의 희망을 조합해보니, 핀란드 항공사를 이용하면 가능한 여정이었습니다. 헬싱키를 경유하는 핀에어를 이용해 핀란드에서 오로라 여행을 한 다음, 로마행 비행기를 타는 것이지요.

무엇보다도 경유편 항공권의 가장 큰 이점은 저렴한 비용입니다. 항공사마다 차이가 있지만 직항 항공권보다 10~20만원 가량 저렴한 편입니다. 아이들의 비용을 포함해 3인의 전체요금을 따져보면 50만원 정도의 차이가 발생합니다. 시간과 비용 중 비용 절감에 비중을 둔다면 경유편 항공권은 훌륭한 대안입니다.

Tip

쉽게 이용할 수 있는 할인항공권 판매 사이트

와이페이모어 whypaymore.co.kr
인터파크투어 tour.interpark.com

프로모션 항공권을 구하기 위해 가입해 두면 좋은 항공사 사이트

아시아나항공 Flyasiana.com　대한항공 koreanair.com
에어프랑스 airfrance.co.kr　핀에어 finnair.com
루프트한자 lufthansa.com/kr/ko/Homepage

항공권 검색이 편리한 스마트폰 앱

스카이스캐너 skyscanner

서너 시간 미만의 근거리 여행은 비행기의 조건에 관계없이 대체로 무난한 여행을 할 수 있습니다. 하지만 장거리 여행의 경우, 비행기의 환경도 무시할 수 없는 중요한 변수입니다. 저렴한 가격에 혹했던 비행기는 좌석 간격이 좁아서 엎드리기에도 불편했습니다. 탑승객들은 많았으며 그들의 요구는 더 많았지요. 한정된 수의 승무원들은 쉼없이 분주했고 그들의 컨디션은 좋지 않았습니다. 당연히 세심한 서비스를 기대하기 어려웠지요.

항공권 예산을 설정해 두어야 할 이유입니다. 저렴한 가격에 흔들리기보다 적정한 예산 범위 내에서 선택해야 합니다. 장거리 여행은 비행기의 크기, 서비스의 질을 충분히 고려해야 합니다.

비행기 안에서, 여행이 시작됩니다.

필요한 건 스피드, 교통편

눈알이 벌개지도록 모니터를 노려본 끝에 간신히 항공권을 구했는데, 두 번째 전쟁이 시작되었습니다. 현지에서 이동할 교통편을 확보해야 합니다. 하지만 모든 일정에 대한 교통편을 미리 예약할 필요는 없습니다. 반드시 예약이 필요한 굵직한 여정에 대해서만 준비하고 떠나면 충분합니다.

예약이 필요한 굵직한 여정이란, 바로 국가간 이동이나 도시간 이동을 의미합니다. 트렁크를 새로 싸서 이동해야 하는 경우이지요. 여행의 전체일정을 잡고 나면 굵직한 이동의 얼개가 보입니다.

우리는 영국 런던에서 네덜란드 암스테르담으로 이동하는 하루, 벨기에 브뤼셀에서 프랑스 니스로 이동하는 하루, 니스에서 파리로 이동하는 하루 등 30일의 여행 동안 다섯 차례 정도 굵직한 이동이 예정되어 있었습니다. 이동범위가 넓고 큰 탓인지 마음의 부담도

켰습니다. 마치 여행을 새로 시작하는 것 같았습니다. 그러고 보면 항공권을 구하는 일은 개중 난이도가 낮은 작업이었나 봅니다. 비행기를 타기만 하면 어쨌든 목적지에 데려다 줄 테니까요. 하지만 현지에서의 이동은 순전히 엄마의 몫입니다. 어디에서 무엇을 타느냐에 따라 여정도 비용도 달라지게 됩니다. 추리고 결정해야 할 사항이 많아졌고 그 결정의 책임은 고스란히 우리의 몫입니다. 자신감이 급격하게 사그라들기 시작했습니다.

마음을 다잡고, 사그라든 자신감을 긁어모아 준비를 계속합니다. 굵직한 이동 스케줄을 확정하고 예약을 시작했습니다. 영국에서 유럽대륙으로 넘어가는 고속열차 유로스타와 대륙 내 이동에 용이한 저가항공은 예약시기별로 가격 차이가 큰 편입니다. 런던에서 브뤼셀로 이동하는 유로스타의 경우, 3개월 전에는 40파운드선에서 티켓을 구할 수 있는 데 반해 한달 전에는 70파운드선입니다. 여정을 서둘러 확정하고 예약에 속도를 내야 하는 이유입니다. 원하는 날짜에 원하는 금액의 티켓을 찾지 못하면 불가피하게 일정을 변경해야 할 수도 있습니다. 그러므로 숙소 예약은 교통편 예약을 마친 다음에 진행하는 편이 안전합니다. 숙소는 교통편보다 선택의 폭이 넓기 때문이지요.

현지 교통편 예약은 속도전입니다. 싼 티켓을 구하기 위해 스피드는 필수입니다. 싼 티켓은 제약조건이 많습니다. 대부분 일정변경이나 환불, 양도가 불가능합니다. 그러므로 제약조건을 충분히 검토한 후 예약을 진행해야 합니다. 일정이 애매한 상황에서 티켓을 예매했다가 낭패를 보기도 합니다. 일정이 확실하지 않을 때에는 싼 티켓에 집중하기보다 일정을 결정하는 데 집중하는 게 비용을 절감하는 방법입니다. 날짜와 시간을 꼼꼼하게 체크하고, 이동시간과 대기시간을 넉넉하게 잡아 교통편을 예약합니다. 특히 하루에 두 가지 이상의 교통수단으로 이동해야 할 경우, 서로 연결되는 교통편의 대기시간을 여유있게 확보해 두어야 합니다. 어느 나라에서나 교통상황은 알 수 없는 법이니까요.

오스트리아의 작은 도시 바트이슐Bad Ischl에서였습니다. 밤기차를 타고 이탈리아 베네치아로 이동하는 날이었습니다. 바트이슐에서 기차를 타고 한 시간 거리인 인근 역으로 이동한 다음, 그곳에서 다시 베네치아행 밤기차를 타야 합니다.

금요일 저녁 7시, 도시의 작은 역은 매표창구마저 불이 꺼지고 커튼이 드리워져 있습니다. 역무원 한 명 보이지 않는군요. 오늘 밤, 이 역의 승객은 우리뿐입니다. 트렁크 손잡이를 쥐고 기차에 오를 채비를 마쳤는데 기차가 들어오지 않습니다. 10분이 더 지나고, 마침내 경적소리가 들립니다. 기차가 까만 몸체를 드러냈습니다.

그런데 기차가 건너편 플랫폼으로 들어섭니다. 어? 우리가 플랫

폼 번호를 착각한 걸까요? 기차가 멈추고 몇 사람이 내리는 동안, 트렁크를 손에 쥐고 기찻길을 건너 반대편 플랫폼에 올라섰습니다. 큰 소리로 기관사를 불러 우리의 티켓을 보여줬습니다.

"여기로 가는 기차 맞나요?"

기차 밖으로 고개를 내민 기관사와 플랫폼을 정리하던 역무원이 동시에 들여다봅니다. 그리고 동시에 고개를 흔듭니다.

"이 기차는 반대 방향으로 가는 기차예요. 그런데 이 기차가 오늘 마지막 기차인데…."

"마지막 기차라니요? 다시 한번 확인해주세요."

그들의 답은 같았고 기차는 곧이어 떠나버렸습니다.

기차역엔 다시 우리만 남게 되었습니다.

그때 사무실로 들어가는 역무원 아줌마를 발견했습니다.

"익스큐즈 미!"

목청 높여 역무원을 불러 세웠습니다.

한참 동안 티켓을 들여다보던 직원이 드디어 입을 열었습니다. 이 열차는 주말 마지막 타임엔 운행하지 않는다며 티켓 하단을 손가락으로 짚었습니다. 7시 50분 열차는 월요일부터 목요일까지, 주중에만 운행한다는 문구가 티켓의 맨 아래쪽에 깨알만큼 작은 글씨로 표기되어 있었습니다. 오늘은 금요일 밤입니다. 따져보고 체크하며 티켓을 끊었는데도 이런 일이 생기고 말았습니다.

쌀쌀한 겨울밤, 기차를 놓친 동양아줌마와 아이들이 어지간히 막막해 보였나 봅니다. 역무원 아줌마가 이리저리 전화를 걸어 알아본 끝에 40분 후에 떠나는 마지막 시외버스가 있다는 소식을 전해주었습니다. 버스터미널로 이동해 어렵사리 버스에 올랐습니다. 지친 아이들은 이내 잠이 들었습니다. 승객이라고는 우리 셋과 주민 두어 명뿐인 어두운 버스 안에서 중요한 사실을 깨달았습니다.

'막차는 위험하다!'

교통편의 종류를 막론하고 모든 교통편의 막차는 위험합니다. 예측할 수 없는 상황이 발생할 때 대처할 수 있는 경우의 수가 많지 않습니다. 더구나 아이들과 함께라면 더욱 곤란합니다.

몸으로 겪기 전에 알았으면 좋았을 것을, 언제나 한바탕 마음고생을 하고 나서야 배우게 됩니다.

저녁 7시, 오스트리아 바트이슐 기차역

숙소, 제대로 알고 가자

여행에서 가장 설레는 순간이 비행기에 오르는 때라면, 여행을 가장 여행답게 만들어 주는 건 숙소입니다. 정말 집을 떠나왔구나, 하고 실감할 수 있으니까요. 그러니 여행의 질을 결정하는 건 숙소라고 해도 과언이 아닙니다.

20년 전, 태국 방콕으로 난생 처음 외국여행을 떠났습니다. 정보가 충분한 것도 아니고 대단한 용기가 있었던 것도 아닌데 어쩌다 자유여행을 하게 되었습니다. 배낭여행자의 성지라 불리는 방콕의 카오산로드에 도착한 시각은 이미 자정에 가까웠습니다. 예약없이 도착한 두 여인은, 눈이 풀린 서양여행자들 사이에서 숙소를 찾느라 눈이 튀어나올 지경이었지요.

마침 밤마실을 나온 한국여행자들의 도움으로 카오산로드 구석에 위치한 게스트하우스에 묵을 수 있었습니다. 더블룸 400바트(우리 돈 1만2천원), 카오산로드에서 꽤 비쌌던 그 방은 창문 하나 없이, 눅눅한 습기만이 가득 했습니다. 낡은 철제침대를 감싼 하얀 시트가 정갈하지 않았다면, 천장에서 돌아가던 팬이 소리만큼 시원하지 않았다면 그길로 돌아오고 싶을 만큼 형편없는 방이었습니다. 방이라기 보다는 침대가 있는 창고에 가까웠지요. 다음 여행에서도 첫 숙소와 비슷한 방에 머물렀는데, 예방주사를 제대로 맞은 탓인지 그럭저럭 지낼 수 있었습니다.

하지만 아이들과 여행을 떠나려고 보니 이야기가 좀 달라지더군요. 아무래도 게스트하우스나 호스텔은 꺼려졌습니다. 젊은 여행자들이 주로 머무는 곳이니 행동이나 사고가 자유로운, 즉 음주 가무 연애가 자유로운 공간이지요. 엄마와 아이들이라니, 분위기 깨기에 딱 좋은 구성원이지 않습니까. 더구나 창문 없는 시멘트방에 아이들을 묵게 하는 것도 내키지 않았습니다. 항상 깨끗하고 안전하고 고급스러운 호텔에 묵을 수 있다면 뭐가 문제겠습니까? 하루 이틀 단기여행이라면 모를까 열흘이 넘어가고 한 달이 넘어가는 여행을 하는 내내 호텔에 묵는다는 건 경제적인 면에서 상당히 부담스러운 일입니다. 더구나 호텔에서 숙박할 경우, 음식 조리가 불가능해 식사를 매번 사 먹어야 하니 식비 부담도 커집니다. 이것저것다 무시하고 폭신한 침대와 최고의 시설을 갖춘 고급 호텔에 묵으면서, 한식이 그리우면 주저없이 한식당에 들러 매콤한 김치찌개를 먹을 수 있는 럭셔리 여행을 하고 싶을 때도 있지만, 그런 여행을 할 수 있었다면 애초에 할인항공권을 검색하는 일도 없었을 겁니다.

아이들과의 여행을 준비할 때 경비나 조건에 흔들림 없이 원하는 숙소를 냉정하게 찾아내기 위해서는 숙소 선택의 기준을 정해두어야 합니다. 시내와 가까운 곳, 조용한 곳, 취사가 가능한 곳, 개인욕실을 갖춘 곳 등 가족이 가장 중요하게 생각하는 부분에 포인트를 맞추어 기준을 세워둡니다.

우리 가족의 숙소 선택 기준은 세 가지입니다.

첫째, 아이들과 지내기 안전한 곳.

둘째, 개인 화장실이 있는 곳.

셋째, 10만원 이하인 곳.

Tip

자주 이용하는 숙소 예약 사이트

부킹닷컴 booking.com
호텔스닷컴 kr.hotels.com
호스텔월드닷컴 korean.hostelworld.com
에어비앤비 airbnb.co.kr

안전하게 마음 편히, 호텔

호텔은 아이들과 지내기 안전하며 개인 화장실을 갖춘 곳이지만 비용이 관건입니다. 아이들과 같이 묵어야 하는 3인실은 10만원 이하의 비용으로 구하기가 쉽지 않습니다. 하지만 눈높이를 낮추면 그리 어려운 일은 아닙니다. 별 3개 이하의 비즈니스급 호텔을 중심으로 찾아보면 실속있는 호텔을 구할 수 있습니다. 멋진 실내장식과 화려한 로비는 없지만 여행자에게 필요한 최소한의 시설을 알차게 갖추고 있으니 알뜰여행자에게 제격이죠.

벨기에 브뤼셀에서 3일을 보낸 호텔은 별 3개 등급의 중저가 호텔이었습니다. 트윈룸으로 예약을 하고, 현장에서 작은아이 숙박비

오스트리아 제그로테의 호텔

를 추가로 지불했습니다. 아이들과 함께 머물 호텔을 예약할 때, 아이들 숙박비 규정 때문에 선택하기 어려운 경우가 많습니다. 굳이 별도의 침대가 필요하지 않고, 객실의 침대만으로도 충분한 미취학 아동일 경우 더욱 고민스러워집니다.

작은아이가 취학 전에 떠난 여행에서는 호텔을 트윈룸으로 예약했습니다(엄마, 초등 큰아이, 미취학 작은아이가 머물 경우). 현장에서 추가요금을 요구하는 경우도 있고 별도의 요금 없이 머물 수 있는 곳도 있었습니다. 호텔에 따라 규정이 다르고 현장에서의 판단이 다르기 때문에 미취학 아이라면 현장에서 추가 지불하는 편이 합리적입니다. 작은아이가 초등학생이 된 후에 떠난 여행에서는 아이를 포함한 3인실을 기준으로 예약했습니다. 3인실이 제공되지 않는 호텔의 경우, 2인실로 예약한 다음 추가침대를 신청하거나 조식비를 지불하는 방법으로 현장에서 조율하기도 했습니다. 아이의 몸집이 크고 작고 나이가 많고 적고를 떠나서 호텔의 규정에 따르는 게 가장 현명한 방법입니다.

호텔을 예약할 때에는 호텔의 공식 홈페이지까지 둘러보고 나서 결정하기를 권합니다. 최신 소식이 업데이트되고 있는지, 이용자들의 만족도는 어떤지 체크해보면 호텔 운영상황에 대한 정보를 얻을 수 있습니다. 유명한 예약 사이트를 통해 예약했는데 현지에 가

보니 호텔이 사진과 판이하게 다르거나 아예 호텔이 없어서 낭패를 겪기도 한다는군요. 운 나쁜 케이스라고 치부해버리기엔 위험합니다. 약간의 수고를 통해 어이없는 사고를 막을 수 있다면 기꺼이 수고해야겠지요. 홈페이지 방문을 권하는 또 하나의 이유는, 홈페이지를 통해 제공되는 특가 이벤트나 좋은 조건의 프로모션을 잡을 수도 있기 때문입니다.

호텔 홈페이지 방문, 안전하고 알뜰한 예약을 위한 똑똑한 방법입니다.

다국적 문화체험, 호스텔

젊은 배낭여행자들의 전용숙소라 생각했던 호스텔에 대한 생각이 바뀐 건 호주여행에서였습니다. 호주 브리즈번Brisbane에서 비행기로 한 시간 거리에 있는 에얼리비치Airlie Beach에 가기로 했습니다. 시드니를 중심으로 여행하는 여행자들이 해양스포츠를 즐기고 싶은데 북쪽 케언즈Cairns까지 이동하기에 무리일 때 대안으로 찾는 도시입니다. 케언즈만큼 다양한 해양스포츠를 보다 저렴한 비용으로 즐길 수 있지요.

우리는 산호초 군락인 그레이트 배리어 리프Great Barrier Reef 투어를 하기로 하고, 가이드북에 소개된 유스호스텔 더블룸을 예약해

두었습니다. 호주 바다에서 물놀이라니! 들뜬 마음으로 도착한 우리를 맞아준 유스호스텔의 더블룸은 충격적이었습니다. 거친 질감이 고스란히 느껴지는 시멘트 바닥, 노란색 칠이 생뚱맞은 까슬한 벽돌 벽, 군데군데 녹이 슨 싱글 철제 침대 2개. 끝!

우리는 울고 싶었습니다. 이 방이 호스텔에서 가장 비싼 최상급 객실이라는 사실에 더욱 절망했습니다. 실망감이 너무나 커서 물놀이마저도 기대되지 않았습니다.

다른 숙소 알아볼까? 내일 옮길까?

밤새 뒤척이다 아침을 맞았습니다. 밤새 정이라도 들었으면 좋으련만 실망스러움은 여전했습니다. 갑자기 숙소를 구하는 일도 간단치 않을 뿐더러 어제 시드니에서 브리즈번까지, 다시 브리즈번에서 에얼리비치까지 비행기를 갈아타고 이동했던 터라 다시 가방을 꾸려야 한다는 게 끔찍했습니다. 이미 선결제한 사흘치 방값을 제대로 환불받을 수 있을지도 모를 일이었고요.

"바쁘게 놀러 다니자! 그래서 방에 머무는 시간을 최소화하자!"

아이들과 의견을 모았습니다. 먼저 시내 슈퍼에 가서 점심거리 장을 봤습니다. 취사시설이 구비된 주방으로 들어가 점심 도시락을 만들어 인공수영장인 라군에서 하루를 보냈지요. 호스텔로 돌아오자마자 다시 주방으로 들어가 저녁거리를 만들어 앞마당 테이블에 저녁상을 차렸습니다. 엄마와 단둘이 여행 중인 영국 남자아이는

호주 에얼리비치 유스호스텔 (위)
오스트리아 빈 호스텔 (아래)

마당을 뱅뱅 돌며 뛰어놀고, 할아버지를 모시고 가족여행온 호주 여자아이네는 어느새 저녁을 물리고 차를 마시고 있었습니다. 한쪽 테이블에선 젊은 여행자들이 영어와 불어를 주고받으며 진지하게 이야기를 나누고 있었고요. 나른한 평온함과 안락함이 호스텔 앞마당을 감싸고 있었습니다. 그때 아이가 속삭입니다.

"엄마, 우리 그냥 여기 있자!"

왁자하니 다국적 식사가 만들어지는 주방이, 저녁때면 동네 마을회관이 되는 작은 앞마당이 우리를 머물게 했습니다. 방 꼴은 충격적인 비주얼 그대로인데 말입니다.

호스텔은 다른 숙박시설에 비해 시설은 다소 열악하지만 비용면에서 단연 유리한 선택입니다. 취사시설을 갖춘 곳이 많으니 입맛에 맞는 식사를 직접 해먹을 수 있다는 것도 큰 장점입니다.

오스트리아 빈에서 머문 호스텔은 깨끗한 객실과 실용적인 주방을 갖추고 있어 아주 만족스러웠습니다. 알고 보니 자유여행자들 사이에서 아주 인기있는 호스텔이더군요(자유여행자들 사이에 인기 있는 호스텔은 저렴한 비용, 깨끗한 시설, 안전한 분위기, 편리한 교통 등 제반조건이 상당히 검증된 곳입니다). 인기 호스텔은 우물쭈물하는 사이에 예약이 마감되니 서두르는 게 좋습니다.

호스텔을 예약하기 전에는 반드시 숙박규정을 확인해 보아야 합니다. 가족여행자들에게 호의적인 호스텔도 있지만 엄격하게 나이를 제한하는 호스텔도 있으니까요. 대부분의 호스텔은 16세 미만 아동의 도미토리룸 숙박을 허용하지 않습니다. 싱글룸 또는 더블, 트리플룸 등의 개인실에만 숙박할 수 있지요. 호스텔에 따라 16세 미만의 입실 자체를 제한하는 곳도 있으며 40세 이상 성인의 입실을 제한하는 곳도 있으니 숙박규정을 반드시 체크해 보아야 합니다.

숙박규정이 눈에 띄지 않을 경우엔 이메일 문의를 통해서 정확한 규정을 숙지해야 합니다. 현지에서 발생할 수 있는 당황스러운 일을 막을 수 있는 가장 쉬운 방법은 사전확인입니다.

그들의 생활 속으로, 비앤비

침대와 아침식사를 제공하는 숙소라는 의미의 비앤비B&B는 여행자에게 보편화된 숙소입니다. 인터넷이 발달하지 않았던 시절에는 현지에서 직접 예약해야 했지만 이제는 인터넷을 통해 전 세계 어느 지역에 있는 비앤비도 예약이 가능해졌습니다.

비앤비는 개인실 혹은 집 전체 단위로 머물 수 있기 때문에 가족단위 여행자에게 편리한 숙소입니다. 또한 현지인의 집에 직접 묵어본다는 장점도 빼놓을 수 없습니다.

이탈리아 나폴리에서 머문 비앤비는 개인실이었습니다. 5층 건물의 꼭대기층이었는데, 복층구조인 위층에 집주인이 머물고 우리는 아래층 침실과 욕실, 거실을 사용하는 구조였습니다. 50대 초반의 집주인은 친절하고 다정했습니다. 게스트들의 리뷰 그대로더군요. 나폴리 관광 포인트를 꼼꼼히 알려주고 맛있는 식당도 일일이 지도에 표시해 주었습니다. 아침마다 카푸치노를 직접 만들어 소박하면서도 정성어린 식탁을 차려주었습니다. 게스트를 위한 주방은 없었지만 필요하면 자신의 주방을 사용해도 좋다는 호의도 베풀었습니다. 마주칠 때마다 오늘 나폴리는 어땠냐고, 불편한 건 없냐고 묻고 챙기는 집주인은 충분히 친절했습니다. 하지만 그윽한 눈웃음을 지으며 묵직한 저음으로 안부를 묻는 그가, 우리는 조금 부담스럽기도 했습니다. 멀끔한 외모를 갖춘 50대 초반의 이탈리아 독신남은, 아무래도 위험하지요. 낯가림이 있는 편인 우리에게 많은 걸 공유해야 하는 개인실 스타일의 비앤비는 조금 불편했습니다.

이탈리아 베네치아에서는 집 전체를 사용하는 비앤비에 머물렀습니다. 시도 때도 없이 등장하는 다리들로 인해 트렁크 여행자에게 지옥이나 다름없는 베네치아에서 여섯 개의 다리를 통과해 간신히 도착했습니다. 주방 창 너머로 아침 안개에 덮인 수로가 내다보이는 조용한 주택이었습니다. 주인은 여러 채의 집을 가지고 사업적으로 비앤비를 운영하고 있었고 우리에게 집 안내를 해준 사람은 젊은 여직원이었습니다. 직원은 베네치아 지도와 자신의 연락처를 남기고 바로 돌아갔고 체크아웃할 때까지 만나지 못했습니다. 깔끔하게 정돈된 침실과 비품이 잘 갖추어진 깨끗한 욕실이 특히 마음에 들었지만, 무엇보다 우리만의 공간이라는 점이 가장 기뻤습니다. 음식 냄새에 신경쓰지 않아도 되고 큰 소리로 노래를 따라 불러도 거리낄 게 없었습니다. 한밤중에 일어나 라면을 끓여먹어도, 불을 환하게 밝히고 영수증 정리를 해도 그만이지요. 길가로 난 대문을 잠갔는지 꼬박꼬박 체크해야 하는 것 말고는 번거로운 일도 없었습니다. 사람들 왕래가 잦은 길가 집이라 별 두려움 없이 밤을 지낼 수 있었습니다. 다만 주인이 상주하지 않으니 아무 때나 궁금한 점을 묻고 도움을 받을 수는 없었지요.

비앤비 숙박을 하기로 정했다면 가족의 성향을 고려하여 방의 형태를 결정합니다. 낯가림이 있고 다른 사람과의 공간 공유가 불편하다면 집 전체를, 현지인과의 교류를 즐기고 사교

적인 성향이라면 개인실을 선택해 머무는 편이 좋겠지요.

하지만 많은 가족여행자들이 비앤비를 예약할 때 염려하는 부분은 따로 있습니다. 비앤비 임대리스트에 올라온 숙소 중 정식 숙박시설로 등록된 곳은 일부이고 대다수는 특별한 제재나 관리를 받지 않는 개인 소유의 숙소라는 점입니다. 중개를 책임지는 업체가 있지만 결국 호스트의 양심에 우리의 귀한 시간을 맡겨야 하지요. 마음에 드는 숙소를 발견하면 먼저, 호스트의 프로필과 게스트들의 리뷰를 꼼꼼히 살펴봅니다. 리뷰 수가 많고 최근에 작성되었다면 게스트들에게 호응과 신뢰를 얻고 있는 숙소일 가능성이 높습니다(리뷰 수가 적고 부정적인 리뷰가 많다면 반대라고 판단해도 무방합니다).

호스트에게 가족을 소개하는 메시지를 보내 서로 신뢰를 쌓는 것도 좋습니다. 우리 입장에서는 남의 집에 묵는 것이지만, 호스트 입장에서는 자신의 집에 남을 들이는 일이니 호스트 또한 게스트에 대한 정보를 알고 싶어 하는 게 당연하니까요.

숙소에 대한 확신이 생기면 호스트에게 숙박비 할인을 문의해봐도 좋습니다. 예의바르고 정중하게! 호스트의 재량껏 할인을 해주기도 하고 다른 서비스를 제공해 주기도 합니다(물론 거절당하기도 합니다). 우리는 알뜰한 비용으로 여행하는 가족여행자임을 강조하여 숙박비를 종종 할인받곤 했습니다. 많지 않은 금액이지만 호스트의 배려가 느껴져 떠나기 전부터 호감이 생겨나더군요.

주민처럼 살아보기, 아파트

1주일 이상의 숙박이라면 아파트를 렌트하는 것도 좋은 경험입니다. 크기와 금액이 다양해 선택의 폭이 넓습니다. 1주일 이내의 단기숙박인 경우 렌트비가 호텔 비용을 훌쩍 뛰어넘을 만큼 비싼 편이지만 1주일 이상의 숙박은 꽤 경쟁력이 있습니다. 비앤비 숙박과 유사한 듯 보이지만, 렌탈 아파트는 숙박업체로 허가받은 숙소이며 일정한 수준 이상의 시설을 갖추고 있습니다. 대부분의 렌탈 아파트에는 기본적인 가전제품과 비품이 구비되어 있어서 마치 낯선 도시에 우리집이 생긴 것 같은 편안함을 느낄 수 있습니다.

프랑스 파리에서 열흘간 머문 아파트는 침실 2개, 욕실, 거실과 주방을 갖춘 아담한 주택이었습니다. 세탁기와 식기세척기가 구비되어 있고 다리미와 다리미판, 접이식 빨래건조대와 빨래집게까지 준비되어 있더군요. 집 앞엔 주민들이 드나드는 작은 빵집과 어린이서점이 있었습니다. 아침에 빵집에서 갓 구운 크루아상을 사고, 저녁 나절엔 바싹 마른 빨래를 걷어들이며 파리지엔느의 일상을 누리기에 충분한 숙소였습니다.

파리는 한달 여행의 마지막 도시였습니다. 가방마다 빨래들이 그득할 때였지요. 아파트에 들어서자마자 분주했습니다. 얼른 밥을 해서 먹고 식기세척기를 돌렸지요. 꼬마녀석들은 거실에서 알아듣

지도 못할 TV를 켜놓은 채 휴대폰 게임을 하고, 세탁기에선 묵은 빨래가 돌아가고 있었습니다. 막 샤워를 끝낸 큰아이가 헤어드라이어 스위치를 켜는 순간이었습니다. 팍! 하는 소리와 함께 집안의 조명이 꺼지고 모든 가전제품이 작동을 멈추었습니다. 집안은 어둠과 정적뿐이었습니다. 정전되었다고 119를 부를 수도 없는 노릇이죠(프랑스 119를 어떻게 부르는지도 모릅니다). 알고 있는 상식을 총동원하여 우리는, 과다한 전기사용으로 인한 과부하일 것이다, '팍' 소리는 누전차단기가 작동되는 소리일 것이니 두꺼비집을 찾아 스위치를 작동시키면 될 것이다, 라는 흡족한 결론을 내렸습니다. 과연 그랬습니다. TV와 드라이어의 전원을 끄고 두꺼비집의 스위치를 올리니 불이 들어오고 전기제품들이 작동되었습니다. 그 후로

도 두 번 더 전기가 나가고, 두꺼비집 스위치를 올리는 일을 반복했습니다. 그리고 이 집의 적정전력이 TV 외 두 가지 가전제품의 사용량이라는, 어쩌면 집주인도 모를 중요한 사실을 파악하게 되었습니다. TV와 세탁기, 식기세척기를 사용하는 건 가능하지만 여기에 다리미가 추가되면 바로 전기가 차단되는 거지요. 정전되는 일이 거의 없는 요즘 우리에게 정전은 상당히 불편한 일이었습니다. 하지만 그런 불편함이 없었다면 전기량을 따져가며 꼭 필요한 세 가지를 추려 사용하는 것에 적극적이지 않았을 겁니다. 특히 아이들이 말입니다.

아파트 렌트비에는 숙박료 이외에 추가요금이 부과됩니다. 청소비, 전기요금, 난방요금 등이 계절별로 추가되기도 하는데, 이는 렌트 업체별로 차이가 있습니다. 예약할 때, 최종 결제비용에 포함된 항목이 무엇인지 정확하게 따져봐야 합니다. 전기요금 등의 추가요금이 포함되어 있는지, 계절별 요금이 적절하게 부과되었는지, 현지에서 추가로 지불해야 할 비용이 있는지 확인해야 합니다. 가능하면 현지에서 추가요금을 지불하는 방식 보다는 확인된 요금을 사전에 결제하는 방식으로 예약하는 편이 추후에 발생할 수 있는 번거로움을 줄일 수 있습니다.

한식해결사, 한인민박

한인민박의 강점은 언어와 식사입니다. 대부분의 민박은 아침식사가 제공됩니다. 저녁식사가 포함된 곳도 많고요. 한 끼당 만원을 육박하는 외식비를 생각하면 식사 제공은 굉장히 큰 장점이지요. 더구나 낯설고 물선 외지에서 한국어로 자유롭게 의사소통을 할 수 있으니 유용한 여행정보를 충분히 얻을 수 있으며, 문제가 생겼을 때 도움을 청할 수도 있어 든든한 여행을 할 수 있습니다. 한인민박이 가진 여러 장점에도 불구하고 우리는 한인민박에 머문 적은 없습니다. 이왕이면 여행지의 분위기를 느낄 수 있고 다양한 국적의 여행자들을 만날 수 있는 숙소를 주로 선택했기 때문입니다.

독립된 화장실과 욕실을 갖춘 민박도 있지만 다수의 민박은 공용입니다. 객실 청소가 이루어지는 시간에 무조건 민박집을 나가야 하는 경우도 있으니 사전에 확인해 두어야 합니다.

한인민박은 다른 숙소에 비해 이용자들의 평가가 극명하게 나뉘는 편이니, 예약을 하기 전에 후기를 꼼꼼히 살펴봐야 합니다.

낯선 도시에 내 집을 마련하는 일입니다.

번거로움 만큼 편안함도 커집니다.

숙소, 똑똑하게 골라가자

여행에서 가장 중요하다고 생각하는 지점은 누구나 다릅니다. 어떤 이는 볼거리일 수 있고 어떤 이는 잠자리일 수 있습니다.

우리 가족에겐 먹거리입니다. 대단한 미식가여서가 아니라 대단히 입이 짧은 탓입니다. 새로운 음식에 대한 호기심이 적고 흥미가 일지 않으니 먹는 양도 자연스레 적어질 수밖에요. 여행이 길어질수록 무엇을 먹느냐는 생존의 문제라고 해도 과언이 아닙니다. 그래서 숙소를 결정할 때 취사 가능 여부를 고려하여 날짜를 배정합니다. 취사는 안 되지만 편안한 호텔에서 사흘을 묵었다면, 다음 사흘은 편안함은 덜하지만 취사가 가능한 호스텔이나 비앤비에서 묵는 식으로 말이지요. 호텔, 호스텔, 비앤비 등 다양한 형태의 숙소에 묵어보는 재미도 있고, 식사문제를 원활하게 해결할 수 있다는 점도 '골고루 숙박' 의 중요한 장점입니다.

숙소를 정할 때 가족의 식습관도 고려한다면 잠자리도 먹거리도 만족스러운 여행이 됩니다.

선배여행자들의 후기를 읽는 건 여행준비의 필수입니다. 여행에세이도 긴 후기인 셈이지요.

현장에선 죽을 만큼 힘들고 짜증스러웠는데 여행에서 돌아오니 아름다운 추억이 되어 있습니다. 심지어 그립기까지 하지요. 사람들은 같은 물건일지라도 자기가 가진 것에 더 특별한 가치를 부여한다고 합니다. 심리학적으로 '소유효과' 라고 명명하는데 소유한 물건을 자신의 일부로 여기기 때문이라더군요. 여행의 기억 역시 나의 일부가 되었기 때문이겠지요? 자신이 선택한 여행지, 묵었던 숙소, 먹었던 음식에 대해 후한 점수를 주는 걸 보면 말입니다.

다른 이의 리뷰를 읽을 때 기억해 두어야 할 게 있습니다. 리뷰는 행간의 의미에 집중하세요!

우리가 묵었던 영국 런던 호스텔의 리뷰는 이랬습니다.

'지하철역이 가까워서 교통이 편리해요. 밤늦게까지 사람들이 다녀서 좀 시끄럽기는 하지만 무섭지 않아서 마음이 놓였어요.'

호스텔에 가보니, 밤늦게까지 사람들 왕래가 많았고 시끄러웠습니다. 새벽 두세 시에도 차소리 사람소리가 끊이지 않았지요. 그런데 여행의 첫 도시였던 런던에서 시차적응을 하느라 초저녁부터 비

이탈리아 마테라

실비실 정신 못차리는 우리에게 이 소음은 전혀 문제가 되지 않았습니다. 하지만 정상적인 신체리듬이었다면 분명 귀에 거슬릴 만한 소음이었습니다.

이탈리아 피렌체 비앤비의 리뷰는 이랬습니다.

'시내 중심가에서 버스 타고 30분 거리. 집 앞에서 시내까지 한 번에 가는 버스 있음. 중심가에선 멀지만 조용하고 한적한 교외의 분위기를 느낄 수 있음.'

비앤비는 과연 중심가에서 멀었습니다. 버스를 한 번 잘못 탄 죄로 세 시간만에 숙소에 도착했으니까요. 무엇보다 조용하고 한적한 나머지 극심한 외로움이 드는 숙소였습니다.

리뷰를 읽을 때, 작성자가 단서를 단 부분에 집중해야 합니다. '시끄럽지만' '멀지만' 같은 단어에 말이지요. 이 부분이 우리에게 얼마큼 예민한 요소인지를 파악해야 합니다. 작성자의 아련한 감상 아래 묻혀 있는 진짜 후기를 찾아보세요.

이탈리아 남부 마테라Matera는 사씨sassi라는 동굴집으로 유명한 도시입니다(석회암을 파서 만든 동굴형태의 주거지를 사씨라고 부릅니다). 척박했던 삶의 흔적이 아직도 보존되어 있어 여행자들의 발걸음을 붙잡고 있습니다. 마테라에는 사씨의 형태를 갖춘 이른바 동굴호텔이 많습니다. 특별한 공간인 만큼 숙박비가 만만치 않더군요. 우리가 묵은 곳도 언덕배기에 있는 동굴호텔이었습니다. 동굴의 지형을 활용하여 객실마다 독특함을 살린 작은 규모의 호텔입니다. 동굴 벽을 파낸 자리에 꼭 들어맞는 책상이 놓여 있고, 객실 구석에는 선사시대 사람들이 썼다 해도 믿을 법한 큰 구유가 자리잡고 있습니다. 캐리어를 넣어두기에 그만이네요. 흙 한 조각 묻어나지 않는 깔끔하고 쾌적한 공간이지만 분명 동굴입니다. 객실 한쪽, 지하동굴이 들여다 보이는 불투명한 발판 위를 작은아이는 몇 번이나 걸어봅니다. 얼음판 위를 걷는 듯 살금살금. 나무책상에 앉아 밀린 일기를 쓰다 보니 따끈한 커피 생각이 간절해집니다. 외투를 걸치고 뜨거운 물을 구하러 프런트로 가는 길, 밤바람을 쐬겠다며 먼저 나간 큰아이가 보입니다. 이어폰을 끼고 낮은 담에 기대 선 아이 옆에 우리도 나란히 섭니다. 아이가 바라보는 밤하늘엔 손톱만한 달이 걸려 있고 그 아래, 노르스름하게 빛나는 마테라가 있습니다. 천 년 전 마테라인이 바라보던 풍경도 지금과 다르지 않았겠지요.

타임머신이 필요 없는 시간여행지입니다.

하루쯤은 근사한 곳에서, 멋진 곳에서 묵어보세요.

여행은 숙소로 기억되기도 합니다.

문제없다, 렌트카 여행

운전 경력 20년. 출퇴근으로 단거리 운전 능숙, 고향집 나들이로 장거리 운전 경험 풍부, 어떤 공간에도 주차시키는 주차 기능 탁월 (진실입니다!).

한마디로 저는 운전이나 주차가 전혀 부담스럽지 않은 사람입니다. 그런데 이탈리아 자동차 여행을 계획하면서는 달랐습니다. 운전이 피곤한 일이기는 하지만 어렵다는 생각은 한번도 해보지 않았는데, 막상 외국에서 운전을 한다고 생각하니 세상에서 제일 어려운 일처럼 느껴지더군요. 익숙지 않은 차량과 낯선 도로환경 그리고 외국어 내비게이션까지, 모두가 한마음으로 우리를 자동차 여행에서 밀어내고 있었습니다. 그래, 아이들까지 데리고 혼자서 자동차 여행은 무리지! 슬쩍 마음을 정리했습니다.

하지만 이탈리아 남부지역은 대중교통으로 이동하며 여행하기가 쉽지 않았습니다. 동선이 복잡해 자주 갈아타야 했으며 기다려야 하는 시간이 너무 많았습니다. 여행자가 많지 않은 겨울에는 더욱 힘들어보였습니다. 다시 한번 마음을 굳게 먹고 자동차 여행 준비를 시작했습니다. '한번 해볼까' 가 아니라 '해야만' 했으니까요.

렌트카 여행의 시작은 당연히 렌트카 예약입니다. 우리나라에 지사를 가지고 있는 세계적 렌트카 업체도 있고 인터넷 상에서 중개만 하는 렌탈 사이트도 많습니다. 렌트카 여행자들이 모여 정보를 주고받는 카페에 가입해 며칠 동안 렌트카 업체에 대한 정보를 얻었습니다. 업체마다 렌탈 가능한 차량의 종류와 금액이 다양하니 인원 수와 짐의 개수를 고려하여 차량을 선택합니다. 대부분 한국어로 예약이 가능합니다.

세 사람인 우리는 경차보다 조금 큰 소형차를 선택했습니다. 짐가방 2개와 작은 배낭 2개를 차량 트렁크에 집어넣을 수 있어서 차량 내부 공간이 넉넉했습니다. 두 아이가 교대로 뒷좌석에 누워 잠을 자며 이동할 수도 있었구요.

차량 선택의 중요한 포인트는 공간의 넉넉함입니다. 추가 짐이 발생할 수 있으니 짐을 넣을 공간도 넉넉해야 하고, 오가는 동안 다리를 쭉 뻗고 쉴 수 있게 차량 내부 공간도 여유 있어야 합니다.

한국에서 차량을 예약하고 현지에서 차량을 인수받을 때까지 걱정이 한두 가지가 아니었습니다. 차량이 제대로 예약되어 있는지 (우리는 이탈리아 현지 업체에 온라인으로 예약을 해둔 상태였거든요) 예약 내용과 달리 추가비용을 달라고 하는 건 아닌지 고장이 나거나 사고가 나면 어떻게 처리해야 하는지 영어가 통하기는 하는지 등등 차량을 인수받으러 사무실에 들어서는 순간까지 제 머릿속은 온통 '렌트카' 였습니다.

렌트카 사무실에 들어가자 마자 질문을 쏟아냈습니다. 궁금했던 모든 것을 직원에게 물었지요. 직원의 답은 심플했습니다.

"차량은 주차장에서 대기중이고 추가비용은 없다, 문제가 생기면 콜센터로 전화해라, 영어로 통화가 가능하며 모든 것을 해결해 줄 것이다!"

직원은 사무실 앞에 서 있는 하얀 승용차 앞으로 우리를 데리고 가더니 콜센터 전화번호가 프린트된 계약서 한 부와 자동차 열쇠를 건네주었습니다. 아이들과 자동차 주변을 빙 둘러보았습니다. 흠집이나 손상된 부분이 있는지 확인하고 사진을 찍어놓으라는 선배 여행자들의 조언을 기억하고 있었으니까요. 자동차는 막 출시된 신차마냥 스크래치 하나 없이 깨끗했습니다. 차량 내부도 먼지 한 톨 없이 정갈했고 트렁크엔 스페어 타이어와 공구 상자가 잘 갖추어져 있었습니다. 마음이 조금 놓였습니다. 여차하면 전화를 걸어 도움을 청할 곳도 있으니 걱정도 조금 덜었습니다. 앞으로 겪어내야 할,

낯선 나라의 도로와 이정표가 여전히 두려웠지만 한 가지를 해냈으니 다음 일도 문제없을 거라는 생각이 들었습니다.

그럼에도 마음 한켠이 개운치 않았는데, 이유는 연료 때문이었습니다. 애초에 예약했던 차량보다 더 좋은 사양의 자동차를 대여해주는 바람에 생긴 고민입니다. 난생 처음 보는 브랜드의 차량이었습니다(이탈리아 자동차 피아트사Fiat Group의 자회사인 란치아Lancia사의 차량). 예약한 차량에 대해 연료 종류와 주유구 위치까지 예습해두었는데 난데없는 호의에 다 소용없게 되었지요. 하지만 자동차가 별다를 게 있겠어요? 연료는 가득 차 있고, 숙소까지 문제없이 도착할 수 있는 양입니다. 사무실로 쏙 들어가버린 직원에게 다시 찾아가서 묻느니 숙소 주인에게 물어보기로 했습니다. 숙소 주인이 모르더라도 우리에겐 '지식인' 이 있으니까요.

풍경이 아름답기로 이름난 이탈리아의 토스카나를 곁눈질 없이 직진할 수 있으리라는 생각은 오산이었습니다. 피렌체에서 출발한 우리는 고속도로 이정표에 등장하는 모든 소도시의 이름에 가슴이 뛰었습니다. 매번 톨게이트로 나가 도시를 돌아보고 싶은 충동이 일었지요. 시에나Siena 라는 도시 이름을 발견하고는 결국 핸들을 꺾었습니다. 조개껍데기 모양의 캄포광장이 인상적인 도시입니다. 예정에 없던 도시에 도착한 우리는 목적지 없이 여기저기 기웃거리며 드라이브를 즐겼습니다. 그리고 다시 고속도로에 진입해 목적지인 오르비에또로 가는 길, 슬슬 연료 계기판에 눈길이 갔습니다.

'이 정도면 숙소까지 갈 수 있을까? 주유소가 모두 셀프라는데, 제대로 넣을 수 있을까? 그건 그렇고 도대체 이 차의 연료는 뭐란 말이냐?'

운전경력 20년차의 걱정이라고 하기엔 말도 안 되게 사소했지만 남의 나라에서 운전대를 잡은 운전자에겐 지구멸망보다 더 중대한 사안이었습니다.

단 한번도 셀프 주유를 해본 적 없는 우리는 두근거리며 셀프 주유소에 들어섰습니다. 아시안 아줌마와 청소년, 어린이까지 세 식구가 주유기 앞에 멍하니 서 있자 할아버지 직원이 다가왔습니다. 머리를 긁적이며 계면쩍게 웃으니, 할아버지가 주유기를 들어 직접 주유를 시작했습니다. 무슨 연료를 넣으면 되느냐 물었더니, 자동차 주유구를 손으로 가리켰습니다. 그리고 주유소의 주유기를 한번 더 가리켰습니다. 주유구와 주유기가 모두 선명한 초록색이었습니다. 어디서든지 색깔 맞추기만 하면 오케이랍니다. 연료 이름 따위 알 필요도 없었던 겁니다.

때때로 걱정과 두려움은 무지에서 비롯됩니다. 궁금한 모든 점은 묻고 확인하세요! 너무 시시콜콜해서 비웃을 것 같을 만큼 사소한

것일지라도 개의치 마세요. 걱정의 크기, 궁금증의 크기는 내 마음이 결정합니다. 내 마음에 차지하는 크기가 두려움의 크기입니다. 묻고 확인해 보면, 지금 내가 가진 걱정 중 절반은 버려도 될 만큼 의미 없는 것이라는 걸 깨닫게 됩니다.

내가 해야 할 일이 무엇인지, 어떻게 대처해야 하는지 알면 남은 걱정의 절반을 덜어낼 수 있습니다. 여행 준비를 하다 보면 렌트카와 연관된 사건 사고들을 접하게 되지요. 세워둔 차의 유리창을 깨고 내부에 있는 짐들을 훔쳐간다거나, 타이어를 펑크나게 한 다음 운전자와 가족들이 확인하는 사이에 차 안의 짐들을 몽땅 가지고 가는 경우도 있습니다.

렌트카 여행을 하기로 했다면 다양한 사례의 사건 사고들을 알고 있는 게 좋습니다. 두려운 일이 생기지 않기를 바라는 것보다 그들의 방법을 미리 알고 방지하는 게 현명합니다. 주차할 때에는 들여다 보이는 차량 내부에 짐을 남겨두지 않고, 갑작스러운 일이 일어났을 때에도 누군가는 차에 남아 짐을 지키면 더 나쁜 상황을 예방할 수 있습니다. 초등학교 고학년 정도라면 엄마를 도와 얼마든지 해낼 수 있는 일입니다. 적을 알면 대처방법도 알 수 있습니다.

많은 여행자들이 대중교통을 이용한 이동이 불편해 자동차를 선택하기도 하지만, 이동시간을 단축하려는 목적으로도 렌트카 여행을 결정합니다. 그러다 보니 한 번에 많은 거리를 이동하게 되지요.

렌트카 여행을 시작하고 나흘째 되는 날, 우리는 대이동을 앞두고 있었습니다. 중부 오르비에또에서 남부 레체까지 무려 699km의 거리를 이동하는 날이었습니다. 100km의 속도로 꾸준히 달린다고 해도 일곱 시간이 걸리는 거리입니다. 아침에 달걀을 삶고, 마트에 들러 잘 익은 바나나 한 송이와 음료수 세 병을 사서 간식 가방을 채웠습니다.

자, 출발!

처음 만나는 이탈리아 고속도로 휴게소에서 카푸치노를 마시고, 두 번째 휴게소에서 점심을 먹고, 세 번째 휴게소에서 주유를 하고 나니 이제는 휴게소도 시들하더군요. 아이들은 교대로 잠들었다가 깨어나서 조수 노릇을 했습니다. 달리는 고속도로 위에서 노을을 보고 저녁별을 구경하고 장대비를 만났습니다. 그리고 열 시간만에 목적지에 도착했습니다. 간신히 주차를 하고 숙소에 들어서니 스르륵 다리에 힘이 풀리더군요. 침대에 털썩 주저앉으며 한 가지 다짐을 했습니다.

렌트카 '이동' 말고 렌트카 '여행'을 하자!

아이들과 함께하는 자동차 여행은 운전부터 길 찾기까지 모든 걸 엄마 혼자 도맡아야 합니다. 체력적으로 정신적으로 쉽지 않은 일입니다. 그럼에도 아이들과의 자동차 여행을 추천합니다. 자동차라는 좁은 공간과 우리뿐이라는 상황은 고립감을 줍니다. 하지만 해방감을 주기도 합니다. 듣고 싶은 음악을 들으며 목청껏 따라 불러도 좋고, 호호 깔깔 미친 듯이 웃어도 됩니다. 미웠던 누군가를 핏대 세워가며 흉을 보아도 상관없습니다. 차창 밖으로 노을이 지며 하루가 가고, 후두둑 빗방울이 떨어지고, 행인 하나 없는 깊은 밤이 될수록 우리의 공간은 더욱 아늑해집니다. 고등학교 입학을 앞둔 큰아이의 걱정거리를 들어보고, 아이돌이 되고 싶은 딸아이의 장래희망에 대해 이야기하고, 씩씩해 보이는 엄마의 바들거리는 긴장감을 나눕니다.

작은 차 안에서 우리는 같은 풍경을, 같은 감정을 가슴에 담습니다. 렌트카 여행의 가장 큰 매력입니다.

할까 말까? 현지 투어

현지 투어는 크게 두 종류입니다.

한인 여행사에서 진행하는 한국인 대상 투어와 현지 여행사에서 진행하는 다국적 여행자 대상 투어입니다. 한국인 대상 투어는 일정을 미리 예약하고 떠나는 게 일반적입니다. 한국인 여행자들이 선호하는 지역과 주제를 선정해서 진행하기 때문에 여행을 보다 효율적으로 즐길 수 있지요. 여행자들에게 잘 알려져 있고 평이 좋다면 대체로 만족할 만한 투어입니다. 하지만 투어에 참가하거나 후기를 작성하는 여행자들 대부분은 단출한 자유여행자더군요.

모든 투어는 성인 대상 프로그램입니다. 아이들이 투어에 즐겁게 참여하느냐는 전적으로 아이들의 체력과 성향에 달려 있습니다. 건축물에 관심이 많은 아이라면 로마 시내 투어도 거뜬히 해낼 것이고, 미술작품에 관심이 많은 아이라면 파리 루브르 투어도 신나게 즐길 수 있겠지요? 하지만 반대의 경우라면 이야기가 달라집니다.

영국 런던에서 대영박물관 투어를 하려고 투어 프로그램을 찾던 중, 소규모 투어를 진행하는 유학생을 알게 되었습니다. 대학원에서 미술사를 공부하고 있는 한국인 여학생인데 주말에만 가이드 아르바이트를 하고 있다더군요. 예정한 날짜에 운 좋게도 투어팀은 우리뿐이었습니다. 우리만의 투어가 된 셈이니 이왕이면 초등학생 중심으로 가이드를 해줄 수 있겠느냐 부탁해 보았습니다. 얼마 후 반가운 답장이 왔습니다. 기대감에 차 들어선 대영박물관은 입이 떡 벌어질 만큼 웅장했습니다. 천장에 닿을 듯 거대한 이집트 석상과 전시실을 가득 채운 조각상들을 둘러보다 가이드 학생을 놓칠 뻔한 적이 한두 번이 아니었습니다.

'가이드 투어를 하길 잘 했구나.'

흡족했습니다. 가이드 학생의 열정적인 이야기는 흥미로웠고 평소 가지고 있던 궁금증들이 시원하게 해소되어 너무너무 재미있었습니다. 하지만 이 재미는 엄마만 느끼고 있었던 모양입니다. 30분이 지나자 여섯 살 작은아이가 졸면서 짜증을 내기 시작했습니다. 졸린 아이를 부랴부랴 휠체어에 태워 신속하게 1차 소요를 막았습니다(박물관 측에서 유모차 대신 휠체어를 내어주더군요). 채 10분이 지나지 않아 2차 소요가 시작되었습니다. 자기 레벨에 딱 맞춰 투어를 하고 있는데도 초등아이가 몸을 배배 꼬기 시작했습니다. 발걸음이 느려지고 목소리가 사라졌으며 눈동자는 멍해졌습니다. 미라관에 도착했을 때 잠시 생기를 찾았던 눈동자는 기와집 모양의 한국관에 들어서자 멍함을 되찾았습니다. 두 시간 반짜리 투어에서 초등아이가 집중한 시간은 고작 한 시간 남짓이었습니다(심지어 이 아이는 세계사에 지대한 관심이 있는 아이입니다).

가이드 투어의 패인을 찾아보았습니다. 일단 시기가 문제였습니다. 우리는 영국에 도착한 바로 다음날, 투어를 시작했습니다. 몸이 시차적응을 하기도 전이니 뇌가 작동할 리 없었겠지요. 두 번째 패인은 장소였습니다. 박물관은 지나치게 크고 넓었습니다. 많은 사람들, 사방에서 들려오는 소음 한가운데서 우리 것을 추려내기란 아이들의 집중력으로는 버거워보였습니다. 마지막 패인은 투어 그 자체였습니다. 아이들의 집중력을 고려하고 흥미도를 생각했다면 투어 대신 자유로운 관람을 하는 편이 좋았습니다. 초등 수준에 맞춰 설명이 이루어진다 하더라도 결국 단어의 수준이 달라지고 설명을 쉽게 풀어주는 것이지 유물에 담긴 내용이나 의미가 쉬워지는 건 아니니까요.

투어 다음날, 다시 한번 대영박물관을 찾았습니다. 가이드 학생과 함께 감상했던 유물은 친근했고, 처음 보게 되는 유물은 신기했습니다. 어떤 방식으로 관람하든 박물관은 매력적인 장소더군요.

아이들과 함께하는 가이드 투어는 소요시간과 이동거리가 짧고 인원이 적어야 효과적입니다. 가능하면 엄마표 투어를 권합니다. 맘에 드는 작품 앞에 하염없이 머무르며 감상하고, 유명한 작품보다 궁금한 작품을 주인공 삼아 배짱 있게 감상하고, 의자마다 쉬어가며 달팽이처럼 느릿느릿 감상하는 엄마표 투어 말이예요. 작품에 대한 지식이 없어서 주저하게 된다면 오디오 가이드를 활용하세요!

현지 여행사에서 주관하는 다국적 여행자 대상 투어는 현지어와 영어로 진행됩니다. 언어와 문화와 세대가 다른 외국인들과 같이 이동하고 같이 밥을 먹는 건 아무래도 부담스럽습니다. 의사소통에 문제가 없거나 누구와도 쉽게 친해지는 사교적인 성향이 아니라면

런던 대영박물관

폼페이 유적지구

선뜻 참여하기가 어렵습니다. 해보나마나 우리 가족은 선뜻 참여하기 어려운 부류입니다. 그럼에도 여러 차례 현지 투어에 참여하여 즐거운 시간을 보냈습니다.

언어가 필요치 않은 투어라면 가능합니다. 주로 야외활동을 하거나 이동하는 교통편만 제공되는 투어를 활용하는 거지요.

호주여행에서, 큰아이는 그레이트 배리어 리프를 직접 보고 싶어 했습니다. 길이 2,000km에 달하는 거대한 산호초 군락인 그레이트 배리어 리프를 보기 위해 시드니에서 비행기를 타고 이동했습니다.

바티칸 투어

그레이트 배리어 리프 투어

도착하자마자 우리는 리프 투어 프로그램을 찾았습니다(인터넷을 통해 한국에서도 예약할 수 있지만 날씨나 바다상황 등 변수가 발생할 수 있으니 되도록 현지에서 직접 예약하기를 추천합니다).

숙소에서 항구까지 이동하는 왕복 교통편, 전용 페리 승선, 선상 런치, 스노클링 장비 등 투어에 필요한 모든 서비스가 포함된 프로그램을 예약했습니다. 유스호스텔 투숙객을 위한 회원가 할인도 받을 수 있었습니다.

이른 아침, 든든하게 밥을 먹고 동그란 튜브를 옆구리에 낀 채 버스에 오릅니다. 할아버지부터 다섯 살 꼬마까지 다양한 연령, 다양한 국적의 여행자들이 들뜬 모습으로 리프 투어를 기대하고 있습니다. 커다란 페리에 올라 선내에 마련된 모닝커피를 마시며 햇살에 반짝이는 바다를 바라봅니다. 일본인 승무원이 한국어 안내문을 챙겨주고 호주인 승무원이 가이드를 해주어 큰아이는 드넓은 태평양, 그레이트 배리어 리프 위를 둥둥 떠다녔습니다. 돌아오는 길, 오렌지빛 노을을 바라보는 우리 앞으로 어마어마하게 큰 혹등고래가 지나갑니다. 우와!

까맣게 그을린 아이들에게서 끝없는 감탄이 쏟아져 나옵니다.

언어가 필요치 않은 투어였습니다.

스포츠, 탐험, 체험 등과 관련된 투어는 현지에서 주관하는 프로그램을 활용하는 게 좋습니다. 대중교통이 여의치 않아 여행자가 접근하기 어려운 지역이나 특별한 제한이 있는 지역을 방문할 때도 현지 투어를 이용하면 편리합니다.

여행 초반에는 도심 투어버스로 훑어보기식 투어를 하며 도시의 분위기와 지리를 익혀두면 좋구요. 여행 중반에는 한국인 투어에 참여하여 바짝 세워둔 안테나를 잠시 쉬게 하는 것도 좋습니다. 역사와 문화 등 부가지식이 필요한 투어는 한국인 투어를, 야외활동이나 체험 등 몸으로 즐기는 투어는 현지 투어가 적당합니다. 주로 가이드의 설명을 들어야 하는 지식 투어는 아이의 관심사에 집중해서 투어를 선택하는 편이 효과적이며, 체험식 투어는 아이의 체력을 반영해서 투어를 선택해야 후회가 적습니다.

스노클링 투어를 다녀온 다음, 뭘 배웠냐고 묻지 않는 것처럼 바티칸 투어를 다녀온 다음에도 뭘 배웠느냐고 묻지 마세요. 바다 위를 둥둥 떠다니며 즐거워하는 아이의 모습에 흐뭇했던 것처럼, 키 큰 어른들 사이에 섞여 고개를 들고 천장화를 빤히 바라보는 아이의 모습만으로도 만족해야 합니다. 여전히 어려운 일입니다만.

2

빈틈없이, 야무지게!

꼼꼼하게 짐 꾸리기

입 짧은 가족, 식량 챙기기

미식가가 갖추어야 할 가장 중요한 자질은 섬세한 미각일까요? 샘솟는 호기심일까요? 맛을 구별하고 평가하는 능력 이전에, 새로운 음식에 호기심을 가지고 궁금해하는 게 미식가의 기본 자질이 아닐까요. 그런 의미에서 우리는 미식가와는 완벽하게 거리가 먼 가족입니다. 익숙하지 않은 음식에 호기심이 동하지 않고, 당연히 먹어보고 싶지 않습니다. 새로운 맛집을 개척하는 일보다 검증된 단골집에 한 번 더 들르는 편이지요. 어떤 가족은 여행지를 선정하고 가장 먼저 하는 일이 맛집을 찾는 것이라지만 우리는 맨 마지막에서야 찾아봅니다.

그러므로 긴 여행에서 우리 가족이 가장 중요하게 여기는 것 역시 우리 입맛에 맞는 식량가방을 꾸리는 일입니다. 가방 크기가 한정되어 있으니 원하는 만큼 채울 수 없는 노릇입니다. 식량가방을 꾸릴 때 우리에겐 긴장감이 흐릅니다.

음식이야말로 그 나라를 대표하는 문화입니다. 척박한 기후를 가진 북유럽과 풍요로운 자연환경을 가진 남유럽의 음식이 극명하게 다릅니다. 거친 호밀빵과 부드러운 크루아상만큼이나 말이지요. 한 나라의 음식을 먹는다는 건 그 나라의 식문화를 이해하는 중요한 행위이며 그 나라에 대한 예의입니다. 하지만 우리에게는 새로운 음식을 맛보는 것으로 그 나라와 인사를 나누는 정도, 거기까지가 최선입니다.

한때는 현지에선 무조건 현지 음식을 먹어야 한다고 생각하며 여행하기도 했습니다. 그것이 진정한 여행이며 신실한 여행자라고 여겼지요. 열심히 도전했습니다. 하지만 향신료의 낯선 향은 본능적으로 감지되고 생소한 음식들은 번번히 입안에서 겉돌더군요. 현지 문화체험도 중요하고 진정한 여행자가 되는 것도 중요했지만, 그것보다 더 중요한 건 우리의 생존이었습니다. 관광이냐 여행이냐를 구분지으며 일정을 짜는 것보다 극기냐 생존이냐를 결정짓는 식량을 꾸리는 게 제일 중요한 일이었습니다.

식량가방을 꾸릴 때만큼은 여행자를 위한 준비물 목록 대신 우리 가족의 식사성향을 떠올리며 꾸리길 권합니다. 우리는 식량가방을 충분히 채우고 떠나는 편입니다. 현지에서 쉽게 구할 수 있는 쌀도 챙겨 넣고 소금이나 설탕 등의 간단한 양념도 챙겨 넣습니다. 경비

절약에 쏠쏠하게 도움이 됩니다. 사소하고 흔해 빠진 물품 하나까지도 어김없이 돈을 내고 사야 하는 여행지에서 경비절약만큼 중요한 이득이 또 있을까요. 식량가방을 충분히 채우고 떠나면 물자절약에도 도움이 됩니다. 아무리 꼼꼼하게 챙겨간다 해도 별 수 없이 현지에서 사야 하는 것들이 있습니다. 호주여행에서는 견디고 견디다 여행 말미에 식용유 한 병을 사야 했습니다. 이탈리아에서는 여행 중반에 간장 한 병을 사야 했고요. 그리고 절반도 채 쓰지 못하고 버려야 했습니다. 여행자에게 필요한 양만큼 덜어 파는 곳은 없으니 결국 남은 건 버릴 수밖에요. 한국으로 가지고 돌아오기엔 우리의 가방은 너무 비좁으니까요.

음식냄새만큼 강렬한 것도 없습니다. 예기치 못한 장소에서 맞닥뜨리는 음식냄새처럼 당황스러운 것도 없지요. 외국에서는 더욱 그렇습니다. 영국여행을 떠날 때 밑반찬을 넉넉히 챙겼습니다. 고소한 멸치볶음도, 짭짤한 깻잎장아찌도 충분히 담았습니다. 행복하고 든든했습니다. 그런데 우리 음식 중에서 평온한 냄새를 가진 축에 속하는 깻잎장아찌가 의외의 복병이었습니다. 호스텔 공용주방에서 깻잎장아찌를 꺼내 식사를 하고 나면 얼마 동안 달여진 간장냄새가 진동했습니다. 음식냄새라고 생각하지 못하는 외국여행자들은 대번에 얼굴을 찌푸리더군요. 그보다 더 큰 문제가 생긴 건 며칠

후였습니다. 깻잎장아찌를 담은 용기가 제대로 잠겨 있지 않았던 거지요. 잠기지 않은 틈으로 장아찌 국물이 새어나와 캐리어는 그야말로 커다란 간장 종지가 되고 말았습니다. 가방을 열자마자 덤벼드는 달인 간장의 냄새라니! 그렇게 맛있게 먹던 반찬인데, 그것이 고약한 냄새의 주인이 되는 건 시간문제였습니다. 런던 호스텔에 머무는 동안 우리는 고리고리한 간장냄새와 별 수 없이 동거를 해야 했습니다.

다음번 여행에선 장아찌를 가져가지 않았을까요? 천만에요. 커다란 김장비닐 한 장과 작은 보냉백으로 해결했습니다. 트렁크 안쪽에 김장비닐 절반을 펼쳐서 깔고 보냉백과 식량을 담은 뒤 남은 비닐 절반을 그 위에 덮습니다. 작은 보냉백에는 냄새가 나거나 국물이 샐 만한 식품들을 담습니다. 장아찌를 비롯해 김치와 식용유, 간장 등도 보냉백 안으로 모셨지요. 샐 걱정, 냄새 걱정 없는 여행을 만드는 데 김장비닐과 보냉백이 일등공신이었습니다.

식량가방을 꾸릴 때, 세 종류로 구분하면 한결 쉬워집니다.

꼭 챙겨야 하는 식량은 밥, 면, 김치 등 생존식품입니다. 기본식량인 쌀과 라면, 즉석밥, 김치와 밑반찬류 그리고 필수양념인 간장, 고추장 등은 꼭 챙겨야 하는 항목입니다. 우리는 항상 누룽지를 가져가는데 아침에도 저녁에도 유용한 식량입니다.

두 번째, 챙기면 좋은 식량은 가족이 즐기는 기호식품입니다. 먹으면 힘이 나고 입맛 돌게 하는 식품들이지요. 주로 간단히 조리해서 먹는 식량입니다. 즉석국 등 즉석식품이나 카레, 짜장가루 등 분말류는 현지 재료를 활용해 우리 입맛에 맞는 요리를 먹을 수 있으니 요긴합니다. 달고 부드러운 믹스커피도 여행지에선 꽤 그리운 음료더군요.

마지막으로, 안 챙겨도 그만인 식량입니다. 현지에서 쉽게 구할 수 있는 간식류지요. 초코바나 과자, 말린 과일이나 견과류 등은 현지 식품으로 즐겨도 충분합니다. 마트 진열대를 둘러보며 간식을 골라 먹는 재미도 쏠쏠하답니다.

식량 챙기기의 중요한 기준은 가족의 식성입니다. 그 식량이 우리의 여행에 활기를 불어넣을 수도, 공기 빠진 풍선이 되게 할 수도 있습니다. 극성이라 해도 유난하다 해도 이 여행의 주인은 나와 아이들이라는 점을 잊지 말아야 합니다.

소심한 엄마, 짐 꾸리기

두 바퀴 캐리어로 여행을 다니며, 우리는 네 바퀴 캐리어의 주인들을 몹시 부러워했습니다. 건드리기만 해도 돌돌 굴러가는 바퀴 네 개의 유연함이라니! 의도했던 건 아닌데 여행 중반쯤 캐리어의 귀퉁이가 헐렁해지더니 어느 날, 귀퉁이를 감싸고 있던 플라스틱 커버가 툭하고 떨어져 나가버렸습니다. 다음 번 여행에선 캐리어를 새로 구입해야 하는 상황이 되었습니다.

어쩔 수 없이 캐리어를 사러 가는 발걸음치고는 꽤 발랄했음을 인정합니다. 26인치 가방 여러 개를 밀어보고 열어보고 들어보았습니다. 불끈불끈 들어야 할 테니 가방 자체가 가벼워야 할 것, 비나 오물에 젖지 않도록 방수처리가 되어 있어야 할 것 그리고 바퀴가 네 개여야 할 것. 세 가지 항목에 딱 들어맞는 진회색 가방을 구입했습니다. 직원은 바퀴의 힘이 더 좋다는 30만원짜리 캐리어를 최후까지 권했지만, 단호하게 물리치고 절반 가격의 진회색 캐리어를 선택했습니다. 어머나! 손잡이를 톡 건드렸을 뿐인데 가방이 돌돌돌 잘도 굴러가는군요.

캐리어의 감동은 공항에서 종료되었습니다. 고운 대리석 바닥을 벗어나는 순간, 새 캐리어는 애물단지가 되고 말았습니다. 눈에 띌 듯 말 듯한 크기로 캐리어의 세련된 분위기를 돋보이게 하던 작은 바퀴가 문제였습니다. 가방 몸집에 비해 작은 바퀴가 짐의 무게를 견뎌내지 못했습니다. 작은 돌멩이에 걸려 멈춰서는 것은 물론이고 보도블럭 사이의 가느다란 홈도 통과하지 못하고 덫에 걸린 것 마냥 제자리에서 버둥거렸습니다. 그때마다 우리는 팔에 온힘을 실어 캐리어를 구해 올려야 했습니다. 캐리어를 밀고 다녀야 할지 들고 다녀야 할지 분간이 되지 않을 지경에 이르고 말았습니다.

바퀴는 크기가 아니라 기능에 집중해야 합니다(바퀴 힘이 좋다며 직원이 그토록 강조하던 30만원짜리 캐리어가 눈에 삼삼하더군요). 캐리어까지 살살 달래며 끌고 다니기엔 엄마의 여행이 너무 가혹합니다. 엄마에겐 이미 살살 달래며 동행하는 구성원이 둘씩이나 있잖아요!

TV에서 모녀끼리 해외여행을 떠나는 프로그램을 방영하더군요. 여행 시작부터 벌어지는 에피소드들이 남의 일 같지 않아서 관심있게 시청했는데, 특히 눈이 가는 장면이 있었습니다. 고등학생 딸아이가 커다란 캐리어를 양손에 하나씩 들고 계단을 내려가는 장면이 었습니다. 엄마 짐까지 들어주는 기특한 아이네, 라고 생각했는데 아니더군요. 세 식구가 떠난 여행에 캐리어가 네 개였던 겁니다. 누군가 한 사람은 언제나 캐리어 두 개를 책임져야 하는 상황인 거지요. 아이들과 떠나는 여행에서 짐의 개수는 아주 중요합니다. 짐은 여행 구성원의 수보다 한 개 적어야 합니다. 우리는 세 식구가 움직이는 여행이므로 큰 가방은 언제나 두 개입니다. 26인치 화물 사이즈 가방과 20인치 기내 사이즈용 가방을 엄마와 큰아이가 하나씩 책임집니다. 작은아이는 빈손이거나 자기 몫의 작은 배낭만 챙깁니다. 캐리어가 예뻐서, 아이가 끄는 모습이 귀여워서 아이 손에 들

려준 캐리어는 결국 엄마 차지가 되더군요. 엄마의 한 손은 가방 손잡이를, 다른 한 손은 아이의 손을 잡아야 합니다. 가끔은 떠나려는 버스를 잡아야 하고, 휴대폰을 들고 길을 찾아야 합니다. 아이가 유아 또는 초등학교 저학년이라면 짐을 들기는 커녕 간수하는 것조차 버거운 일이니 몸을 가볍게 해주어야 합니다.

짐을 꾸릴 때에는 용도를 구분하여 옷을 비롯한 생필품용 캐리어, 음식용 캐리어로 구분하면 깔끔하고 편리합니다.

음식 냄새가 옷에 배는 것도 막을 수 있으며 필요한 물품을 찾기도 편합니다. 준비물을 캐리어에 담기 전에, 커다란 비닐을 한 겹 깔고 짐을 넣은 위쪽을 다시 한번 비닐로 덮어줍니다. 식량가방을 꾸릴 때처럼 말이지요. 방수처리가 되었거나 하드케이스인 캐리어라 할지라도 쏟아지는 장대비에 노출되면 틈 사이로 물이 스미는 경우가 있으니까요. 또한 음식물 가방을 비닐로 덮어두면 냄새도 덜할 뿐더러 국물이 새어나오더라도 가방에 스며들거나 새어나오지 않습니다. 음식용 캐리어에 김장용 비닐을 깔아 보았는데, 여행을 마칠 때까지 깔끔한 상태를 유지할 수 있었습니다. 커다랗고 튼튼한 김장용 비닐이 여행용으로도 그만입니다!

비행기에 가지고 탈 가방은 내용물을 따로 챙기는 게 좋습니다. 장시간 비행기에 머물러야 하는 상황, 경유 항공편이라면 경유 공항에서 대기해야 하는 상황, 목적지에 도착하는 시각 등을 고려합니다. 책이나 음악, 영화 등을 미리 준비해두면 긴 시간이 겁나지 않습니다. 잠을 자기도 하고 기내에서 제공되는 영화나 드라마를 감상하며 시간을 보낼 수 있지만 가족의 기호에 맞는 오락거리가 있다면 훨씬 든든하겠지요. 항공기별로 차이가 있는데 좌석에 충전용 콘센트가 있는 경우도 있으니 휴대폰이나 노트북 충전기를 가지고 타도 무방합니다. 또한 간단한 비상약도 챙겨둡니다. 멀미약, 두통약 등의 상비약이 기내에 구비되어 있지만 의사소통이 원활하지 않을 수 있고 내 몸에 맞는 익숙한 약을 복용하는 게 심리적으로도 좋으니까요. 기내에 감기약이 구비되어 있지 않는 경우도 있다고 합니다. 감기의 여러 증상에 대해 승무원이 임의로 약을 처방할 수 없다는 이유라는군요. 감기약만은 반드시 챙겨 넣어야겠네요!

간단한 세면도구 역시 필수품목입니다. 목적지에 도착했을 때 바로 씻을 수 있는 작은 키트를 만들어두면 산뜻하게 여행을 시작할 수 있겠지요.

의류

날씨와 기온에 대한 정보가 명확하지 않거나 선배여행자들의 의견이 다를 경우 난감해집니다. 이런 경우, 추위에 집중합니다. 추위에 대비해 챙겨간 준비물은 사용하지 않으면 그만이지만 더위에 맞춰 준비했다가 추위를 만나면 부랴부랴 대책을 마련해야 합니다. 비싼 겨울옷을 장만하고 나면 예산은 더욱 빠듯해지겠지요?

학습용품

지루하지 않게 시간을 보낼 목적의 학습용품을 챙겨가길 권합니다. 색연필이나 간단한 미술도구 등도 좋고 컬러링북이나 빈 종합장도 유용합니다. 수학문제집이나 영어교재는 두고 가세요. 아이가 너무 심심하고 지루해서 공부라도 해야겠다고 마음먹을 때가 한 번은 오지 않겠느냐는 기대감에 문제집을 가져간 적이 있는데요. 그런 날은 결코 오지 않았습니다(한적한 소도시를 중심으로 여행하다 보면, 심심하다 못해 수학문제 풀고 싶다는, 그런 기적같은 날이 올런지도 모르겠습니다!).

전자제품

평소 사용하던 카메라를 가져가는 게 가장 좋은 선택입니다. 카메라를 새로 구입해야 할 상황이라면, 작동법을 금방 익힐 수 있고 무게가 부담스럽지 않은 카메라가 적당합니다. 노트북 등 저장장치를 따로 준비하지 않을 계획이라면 무선전송기능이 있는 카메라도 편리합니다. 촬영한 사진파일을 웹하드나 휴대폰으로 전송할 수 있어서 사진 분실이나 손상에 대한 우려를 덜 수 있습니다.

우리는 가족 모두 휴대폰을 가지고 여행을 떠났으며, 자동 업데이트 등으로 인한 데이터 요금발생을 방지하기 위해 데이터 차단서비스를 신청해두었습니다. 자기도 모르는 사이 설정이 바뀌어 요금폭탄을 맞기도 한다니 출발 전에 차단해두는 게 안전합니다.

1주일 미만의 여행은, 데이터 무제한 요금제나 휴대용 공유기를 신청해 사용하는 방법이 편리합니다. 1주일 이상의 여행에서는, 현지에서 심카드를 구입해 사용하는 편이 비용면에서 유리합니다(심카드는 우리가 유심칩이라고 부르는 IC 카드로, 공항이나 시내 중심가에 위치한 판매점에서 쉽게 구입할 수 있습니다). 여행자용 심카드는 통화, 문자메시지, 데이터 사용량이 설정되어 있으며 그 용량에 따라 비용이 결정됩니다. 휴대폰의 유심카드를 빼고 현지에서 산 심카드를 끼워넣으면 됩니다. 국가별 특징이 있으니 심카드를 구입한 장소에서 휴대폰이 정상적으로 사용 가능한지 직원과 함께 확인하도록 합니다.

세계 어느 나라도 대한민국만큼 통신 서비스가 잘되어 있는 곳은 없다는 사실을 매번 느낍니다. 이탈리아 남부에서는 심카드에 담긴 데이터 절반을 고스란히 버려야 했습니다. 통신이 연결되지 않는 지역이 많아 데이터를 사용할 기회가 없더군요.

구급약품

건강은, 아이들과 떠나는 여행에서 가장 신경이 곤두서는 부분입니다. 감기약이나 해열제 등 기본 약품을 챙기되 가족의 병력을 고려하여 필요한 약품을 추가합니다. 우리 가족의 경우, 상비약인 몸살감기약과 알레르기 비염약을 넉넉히 준비했고 발목이 약한 작은 아이의 통증을 완화시켜 주는 파스와 압박테이프도 챙겼습니다. 감사하게도 아이들은 여행 동안 걱정스럽게 아픈 적이 단 한번도 없었습니다. 컨디션이 좋지 않을 때는 일찍 쉬면서 체력을 회복했고 감기 기운이 있으면 초반에 약을 먹고 푹 자게 했습니다. 저 역시 몸살기운이 있을라치면 잽싸게 약을 먹고 몸을 따뜻하게 하며 쉬었더니 큰 문제없이 여행을 마칠 수 있었습니다.

서류

숙소, 교통 등의 모든 예약서류는 두 가지 방법으로 챙겨둡니다. 먼저 모든 서류를 출력해 클리어파일에 정리해서 가져갑니다. 현지의 통신상황이 좋지 않아 온라인 확인이 어려울 때 출력되어 있는 서류는 중요한 역할을 합니다. 그리고 모든 서류를 촬영하거나 예약화면을 캡처해서 휴대폰에 저장해둡니다. 이때 웹하드나 메일보관함에 같이 넣어두면 더욱 든든하겠지요. 출력한 서류를 분실하거나 숙소에 놓고 나온 경우 긴급하게 사용할 수 있습니다.

예약서류와 함께 반드시 문서로 출력해서 보관해야 하는 서류는 숙소 주소와 찾아가는 방법을 기록한 서류입니다. 특히 여행 첫 번째 국가의 첫 숙소 정보는 반드시 문서로 가지고 있어야 합니다. 장시간 비행으로 인해 휴대폰의 배터리 상황을 예측하기 어렵고, 현지의 통신상황도 장담할 수 없기 때문에 데이터를 사용한 휴대폰 GPS 길 찾기가 불가능할 수 있습니다. 이런 상황에 대비해, 예약된 모든 숙소의 주소와 찾아가는 방법을 출력해 정리해두면 좋습니다. 비행기를 탄다면 공항에서 숙소까지, 기차를 탄다면 기차역에서 숙소까지 찾아가는 방법을 미리 구글맵으로 확인하고 출력해둡니다. 숙소 가는 길을 알려주는 종이 한 장이 천군만마 부럽지 않습니다.

여행 가방을 꾸리는 기본 원칙은, '있으면 좋은 것' 이 아니라 '있어야 하는 것' 을 추리는 것입니다. 우리 가족에게 봉지라면은 '있어야 하는 것' 이지만, 목베개는 '있으면 좋은 것' 입니다. 여분의 안경은 '있어야 하는 것' 이지만 여분의 신발은 '있으면 좋은 것' 이지요. 있어야 하는 필수품목을 선정한 뒤, 가방의 여유 공간에 '있으면 좋은' 물건들을 채워 넣으면 우리만의 맞춤형 여행 가방이 완성됩니다.

야무지게 돈 챙기기

미리 예약하고 지불을 마친 숙소비와 교통비를 빼고도 현지에서 필요한 돈은 상당히 큰 금액입니다. 몽땅 현금으로 환전해서 가자니 걱정이 앞섭니다. 누가 봐도 여행자인 데다, 든든한 보디가드 없는 '우리끼리 여행' 이니 그야말로 만만해 보일 수 있지요. 온라인에서 읽은 수많은 강도, 소매치기 사례들은 왜 이리도 생생하게 떠오를까요? 몽땅 현금으로 가져가는 건 아무래도 안 되겠습니다.

그동안은 주로 현금과 여행자수표를 가지고 여행을 떠났습니다. 여행자수표는 여행 중에 현금 대신 사용하거나 현금으로 교환할 수 있는 수표입니다. 도난을 당하거나 분실해도 발행인, 즉 수표 주인의 사인이 없으면 사용할 수 없기 때문에 가장 안전한 수단입니다. 또한 금융기관이나 공식취급소가 아니면 현금으로의 환전이 불가능하기 때문에 사설환전소 등을 이용할 이유가 없으며 이로 인한 사기 등의 사고를 미연에 방지할 수 있습니다.

여행을 시작하고 열흘쯤 지났을 때 우리는 벨기에에 있었습니다. 가지고 간 현금이 떨어지고 여행자수표 뿐이었지요. 작은 상점이나 레스토랑에서는 여행자수표를 받지 않기 때문에 수표를 현금으로 바꿔야 했습니다.

브뤼셀에서 기차를 타고 한 시간 거리인 브뤼헤Brugge라는 도시로 나들이를 가기로 한 날입니다. 빵과 커피를 사고 나니 현금이라고는 주머니에 몇 센트가 전부입니다. 아이들이 빵을 먹는 동안, 근처 은행에서 여행자수표를 바꿔오기로 했습니다. 좀처럼 은행이 보이질 않아 출근하는 시민들에게 물어물어 찾아갔는데 이런, 은행이 문을 열기 전이었습니다. 여행자수표는 자동입출금기계에서 사용할 수 없으니 영업시간이 될 때까지 기다리는 수밖에 없더군요.

결국 같이 여행 중인 친구네에게 현금을 빌려 기차표를 사고 자전거를 렌트했습니다. 자전거를 타면서도 줄기차게 환전할 만한 은행을 찾았습니다. 반가운 마음으로 들어선 우체국에서는 여행자수표 환전이 안 된다는군요. 도심 중심부의 광장에 가서야 수표를 취급하는 작은 여행사를 찾을 수 있었습니다. 발행수표를 취급하는 곳에서만 환전을 할 수 있다는 점은 여행자수표의 단점입니다.

최근에는 여행자수표의 사용이 급격하게 줄었습니다. 주로 글로벌 체크카드라는, 해외에서 이용가능한 체크카드를 발급받아 여행을 떠납니다. 우리도 여행자수표 대신 체크카드를 발급받았습니다. 체크카드는 은행별로 차이가 있습니다. 출금수수료가 출금액에 대한 비율로 책정되는 곳도 있고 출금액과 관계없이 출금횟수로 정해진 곳도 있습니다. 가입비가 있는 곳도 있고 사용한 금액의 일정비율만큼 현금을 돌려주는 캐시백 서비스를 제공하는 곳도 있습니다. 비자Visa나 마스터Master 등의 표시가 있는 현금인출기라면 어느 곳에서든 이용이 가능하다는 것도 편리한 장점입니다. 당장 현금이 필요하지 않더라도 현금인출기의 위치를 파악해 두는 게 좋습니다. 긴급하게 필요한 경우, 요긴합니다.

전체 경비 중 현금과 체크카드 계좌의 비율은 6:4 정도가 적당합니다. 아이들과 떠나는 여행에선 현금을 여유있게 준비하는 편이 마음이 놓입니다.

현금은 안전한 보관이 가장 큰 문제이지요. 봉투를 여유있게 준비해 두세요. 화폐의 종류가 다른 국가를 여행할 때, 화폐별로 봉투에 넣어 보관하면 편합니다. 화폐의 종류가 같더라도 국가가 다르다면 국가별로 보관합니다. 한 나라 내에서만 여행한다면 단위 날짜별로 나누어 보관합니다. 1주일 단위로 나누어 보관하는 게 가장 합리적입니다. 봉투 겉면에 국가와 도시의 이름, 총 금액과 사용예정 금액을 눈에 잘 띄게 적어두면 구분하기도 쉽고 비용 정산도 편합니다. 사용이 끝난 빈 봉투에 해당 기간 동안의 영수증과 관광지 팸플릿 등을 넣어두면 나중에 여행을 정리하는데 도움이 됩니다.

개인금고가 있는 숙소라면 2~3일분의 경비만 소지하고 나머지 경비는 금고에 보관하는 것도 안전한 방법입니다. 개인실에 머물 경우라도 청소 등의 이유로 외부인이 출입할 수 있으니 개인금고가 없다면 몸에 지니는 게 안전하고 마음 편한 방법입니다. 큰돈을 가지고 돌아다니는 건 여간 부담스러운 일이 아닙니다. 여행 초반, 많은 돈을 가지고 다니느라 스트레스가 극심한 날들을 보내다 하루는 캐리어에 돈을 넣고 자물쇠로 꽁꽁 잠궈두고 나갔습니다. 개인금고가 없는 숙소였지요. 하루 종일 두고 온 돈주머니에 신경을 쓰느라 두 배로 피곤하더군요. 차라리 내 몸에 지니고 다니며 수시로 확인하는 쪽이 저에게 맞는 방법이었습니다. 당장 사용할 돈과 보관할 돈을 구분하여 가방에 넣고, 돈 주머니를 옷핀이나 바느질 등으로 가방안감에 고정시켜 두면 가방을 통째로 잃어버리지 않는 한 비교적 안전하게 보관할 수 있습니다. 장소를 이동할 때마다 지갑의 안전을 확인해보는 일도 중요합니다. 어느 지점에서 잃어버렸는지 혹은 두고 왔는지를 파악하면 운좋게 되찾을 수도 있으니까요.

여행자는 어쩔 수 없이 큰돈을 지니고 있어야 합니다. 돈의 액수만큼 불안과 부담이 커지는 건 당연합니다. 그 불안과 부담의 무게를 가늠해보고, 현금과 은행계좌의 비율을 조정하세요. 현금을 지니고 있는 것과 인출기를 찾아 출금하는 수고 중 마음이 더 편한 쪽으로 비중을 늘리면 됩니다.

여행의 방법에 정답은 없습니다.

마음이 기우는 쪽이, 내 여행의 정답에 가깝습니다.

3

여행에도 전략이 필요해

탐험가처럼 여행하기

오감으로 기억하는 여행

이탈리아의 레체Lecce는 남부의 피렌체라고 불립니다. 바로크 시대의 건축양식을 그대로 간직하고 있는 고풍스런 도시 분위기가 피렌체를 연상케 하기 때문이지요. 장화의 앞부리 모양인 이탈리아 서쪽에 여행자들이 많이 찾는 나폴리Napoli와 소렌토Sorrento가 있고, 장화의 뒷굽에 해당하는 동쪽에 레체가 있습니다. 우리나라 여행자들이 드문 지역인데, 겨울이라는 계절 탓에 여행자를 마주치는 일도 드물었습니다.

일요일 오전, 성당으로 향하는 동네 주민들과 섞여 걷다가 도시에서 가장 큰 광장에 도착했습니다. 바로크풍의 도시 분위기와는 어울리지 않는 유명 패스트푸드점이 광장 한켠에 자리하고 있습니다. 어울림이야 어쨌건 여행자에겐 가장 만만한 곳입니다. 바삭한 감자튀김과 부드러운 카푸치노로 도시 적응을 마친 우리는 광장 앞에서 가족 자전거를 빌렸습니다. 힘차게 페달을 밟으며 넓은 광장을 질주하고, 살살 속도를 낮추어 좁은 골목을 지났습니다. 청량한 겨울바람을 맞으며 구석구석 시가지 투어를 즐겼지요. 그런데 신나게 자전거 페달을 굴리면서도 무언가를 놓고 온 듯 자꾸만 뒤돌아보게 되었습니다. 자전거를 렌트할 때 맡긴 여권 때문이었습니다. 낯선 외국 땅에서 생명줄과도 같은 여권을 생판 모르는 청년에게 맡겨놓자니 마음이 놓이질 않았습니다. 아프리카 이민자로 보이는 청년은 광장 귀퉁이에 자전거 몇 대를 두고 돈벌이를 하고 있습니다. 한국인의 여권이 얼마에 팔린다더라, 하는 이야기를 듣고 난 뒤라 불안함이 더했습니다. 저 청년이 여권을 들고 도망이라도 치면 어쩐단 말입니까! 조바심이 들기 시작하자 청년에게서 눈을 뗄 수 없었습니다. 그와 멀어질수록 필사적으로 목을 빼고 움직임을 주시했습니다. 속 편한 아이들은 번갈아 운전을 하면서 여전히 즐겁습니다. 예정된 30분이 다가오자 더욱 눈을 번득이며 청년을 노려보았습니다.

그때 청년은, 커다란 눈알을 더 열정적으로 굴리며 우리를 뒤쫓고 있었습니다. 아! 그에게 우리의 여권이 있다면 우리에겐 그의 자전거와 렌탈료 10유로가 있습니다. 지금 청년에게는, 들고 튈 계획이 없는 외국인 여권보다 소중한 사업밑천인 자전거와 오늘 일당이 될 10유로가 더 중요했던 거지요. 자전거 거치대에서 한 발자국도

떼지 않는 청년을 보니 마음이 놓이며 살 것 같아졌습니다. 딱 30분이 되었을 때 우리는 그에게 자전거와 10유로를, 그는 우리에게 여권을 돌려주었습니다.

여행에서 돌아온 후, 레체를 떠올리는 우리의 이미지는 꽤 다릅니다. 아이들은 빽빽한 페달을 굴리느라 뻐근했던 다리를 기억합니다. 하지만 저는 멀쩡한 여권 지키느라 콩닥거렸던 두근거림이 떠오릅니다. 같은 경험이지만 기억하는 몫은 제각각입니다. 각자 가진 기억의 몫이 합쳐져 여행은 더 버라이어티하게 기억됩니다.

이탈리아 포지타노Positano는 풍경이 예쁘기로 손꼽히는 도시입니다. 지중해를 면한 산기슭에 자리잡은 건물들이 파스텔화같은 정경을 만들어냅니다. 숙소에서 제공되는 간단한 아침을 먹고 바닷가에서 한나절 놀았더니 금세 출출해집니다. 간식으로 챙겨온 바나나와 삶은 달걀을 까먹고 또 한바탕 파도랑 잡기놀이를 합니다. 매끈하고 예쁜 돌을 고르고 아빠에게 엽서도 한 장 씁니다. 내일은 나폴리로 떠나는 날입니다. 산중턱 숙소까지 헐떡이며 걸어올라가 짐정리를 시작합니다. 숙달된 손놀림으로 짐정리를 끝내고 나니 또다시 배가 고파졌습니다. 이른 저녁을 먹을 만한 식당을 찾았지만 한겨울 포지타노는 대부분 문을 닫아걸었네요.

어제 슈퍼에서 사 먹었던 닭다리구이를 한번 더 먹기로 했습니

다. 앗! 이른 시간이라 아직 준비가 안 되었군요. 한 시간 후에 찾아가기로 하고 숙소로 돌아왔습니다. 시계를 노려봅니다. 땡! 한 시간이 지나 총알같이 달려가 오븐에서 갓 나온 따끈한 닭다리구이 두 세트를 품에 안았습니다. 찬바람에 식을 새라, 부슬부슬 내리는 비에 젖을 새라, 또 한번 달립니다. 침대 옆 작은 테이블에 옹기종기 모여 앉아 닭다리구이를 개봉합니다. 구운 닭다리에 흐르는 윤기와 기름진 냄새! 절로 침이 고입니다.

어느 여행자는 포지타노를 고운 빛깔의 파스텔톤 마을로 기억하겠지요. 어느 여행자는 곱고 하얀 파도가 넘실대는 푸른 지중해로 기억하겠지요. 우리 가족에게 포지타노는 따끈하고 기름지고 쫄깃했던 닭다리구이로 기억됩니다. 그때 숙소 구석의 TV는 이탈리아어를 쏟아내고 있었고 창밖으론 부슬부슬 비가 내렸습니다. 언덕을 오르내리느라 다리는 묵직했고 아이들의 입가엔 닭고기 기름이 번들거리고 있었지요. 눈으로 코로 귀로 손으로 그리고 입으로 기억하는 포지타노의 시간입니다.

문득 스미는 냄새, 불현듯 달려드는 소리만으로도 우리는 여행을 떠올릴 수 있습니다.

몸으로 기억하는 여행은 기억 속에 새겨집니다.

모든 감각을 열어 여행을 즐기세요.

이야기하는 여행

아이들과 떠나는 여행이 좋은 건 아이들과 많은 이야기를 나눌 수 있기 때문입니다. 대화 한번 해볼까, 하고 작정하지 않아도 매시간 매초 자연스레 이야기를 나누게 됩니다.

이야기하는 여행이란, 아이들과 이야기를 '나누는' 여행이라는 의미이기도 하지만 이야기가 '있는' 여행이라는 의미이기도 합니다. 여행지에 대한 호기심과 궁금증이 생겨나게 하는, 이야기가 준비된 여행이라는 의미이지요.

영국 윈저Winsor에는 왕실가족이 머무르는 윈저성이 있습니다. 왕실가족이 머무르지 않을 때에는 관광객에게 궁전 내부를 공개합니다. 기차역에서 내려 이정표를 따라 걷다 보면, 동화 속 주인공 라푼젤이 탐스러운 금발을 늘어뜨리고 있을 것 같은 높은 원형탑이 눈에 들어옵니다. 우리나라의 궁이 낮고 차분한 느낌을 주는데 반해 영국의 궁은 높고 기운차 보입니다. 난생 처음 서양의 궁전을 본 아이들이 호기심을 보였지만 예정된 일정이 있어서 윈저성은 밖에서 둘러보기만 했습니다. 그럼에도 아이들은 윈저성을 생생하게 그리고 오싹하게 기억하고 있습니다. 바로 윈저성에 얽힌 귀신이야기 때문입니다. 눈도장만 찍고 돌아오려는데 큰아이가 유령이야기를 시작했습니다.

"최초로 국민들에 의해서 물러난 왕이 찰스 1세인데, 참수형을 당했거든. 근데 그 찰스 1세의 유령이 해질 무렵이면 윈저성 안을 걸어 다닌대."

찰스 1세 뿐만이 아니더군요. 윈저성에 출몰하는 유령이 한두 분이 아니었습니다. 특히 헨리 3세 유령은 생전에 그랬던 것처럼 불편한 다리를 질질 끌고 다닌다고 하네요. 큰아이가 들려주는 유령이야기를 듣고 있자니 성 밖에서도 서늘함이 느껴졌습니다.

수박 겉핥기 식으로 둘러봤는데도 윈저성을 생생하게 기억하는 건 이야기의 힘입니다. 아이들은 아름다운 동화나 예쁜 사랑이야기가 아니라 오싹한 귀신이야기, 무서운 유령이야기, 안타까운 죽음에 관한 이야기에 훨씬 더 집중하더군요. 그만하라고 하면서도 여섯 살 작은아이는 끝까지 다 듣더라니깐요.

오스트리아 빈에는 쇤부른 궁전이 있습니다. 유럽의 장모라 불리는 마리아 테레지아 가문인 합스부르크 왕가의 궁전입니다. 쇤부른 궁전에는 천여 개의 방이 있는데 그 중 40여 개의 방을 대중에게 공개하고 있습니다. 한국어가 지원되는 오디오 가이드를 들으며 찬찬히 돌아볼 수 있습니다. 여제 마리아 테레지아와 그 자녀들의 생활 모습을 눈과 귀로 확인할 수 있지요.

어린 모차르트가 또래인 마리 앙트와네트에게 청혼을 했다는 거울의 방에 도착했을 때였습니다. 작은아이가 묻습니다.

"거울의 방? 어디서 들어본 것 같은데…."

3년 전 프랑스 베르사유 궁에서 본 거울의 방이 떠오르나 봅니다. 쇤부른 궁전이 그 베르사유와 비슷하게 지은 궁전이며, 베르사유에 살았던 왕비가 태어나고 자란 곳이 바로 이 궁전이라고 얘기해주었습니다. 그리고 우리가 '오! 샹젤리제'를 부르며 걷다가 도착한 넓은 콩코드 광장에서 그 왕비는 단두대의 이슬로 사라졌다는 이야기를 들려주었습니다. 그 왕비의 이름은 마리 앙트와네트라고.

아이는 고개를 크게 끄덕이며 이야기를 들었습니다. 오스트리아 쇤부른과 프랑스의 베르사유 그리고 파리의 콩코드가 마리 앙트와네트라는 이름과 함께 한자리에 모였습니다. 아이의 머릿속에서 제각각 떠다니던 그림 조각이 지금 막 한 편의 그림으로 완성되었습니다.

이야기로 인해, 제각각인 구슬들이 줄줄이 꿰어져 여행이라는 보배가 완성됩니다.

숙소 잡는 것만으로도 머릿속이 전쟁터인데, 이야기까지 준비하라니요. 도대체 엄마의 역할은 어디까지일까요? 떠나기 전에 연관도서 몇 권 읽히면 안 될까요? 연관도서를 읽게 하는 것, 아주 좋습니다. 이왕이면 그 도서를 엄마도 읽어두길 권합니다. 그리고 이야기를 현장에서 들려주세요. 엄마 손맛이 최고인 것처럼 이야기도 엄마 목소리가 최고입니다. 옛날이야기를 하듯 편안하게, 직접 목격한 듯 실감나게 들려주세요. 흥미로운 이야기와 함께 엄마의 생생한 표정까지 기억에 남게 됩니다.

하지만 모든 장소의 이야기를 들려줄 필요도 없고 그럴 수도 없습니다. 전체 여행에서 서너 가지 이야기면 충분합니다. 한 달 유럽여행에서 우리가 기억하는 이야기는 윈저성의 유령, 마리 앙트와네트와 다이애나비의 비극적인 일생 그리고 로댕의 '칼레의 시민' 조각상입니다. 아이들이 꼭 알았으면 좋겠다는 생각이 들어 여행 전에 준비해 두었던 이야기도 있고 현장에서 관심이 생겨 같이 찾아본 이야기도 있습니다. 하지만 대부분의 관심은 사전정보가 있을 때 생겨나더군요.

영국 옥스퍼드에 있는 옥스퍼드대학을 방문했을 때 일입니다. 영화 〈해리포터〉의 촬영지로 잘 알려진 크라이스트 처치에 들어가게 되었습니다. 세계에서 유일하게 성당인 동시에 대학인, 이 특별한 곳은 종교인도 대학생도 아닌 우리에겐 그저 영화에 등장했던 흥미로운 장소일 뿐이었습니다. 영화랑 똑같네, 똑같아! 말고는 다른 감흥이 느껴지지 않았습니다. 해리포터 영화를 보지 않은 아이들에게는 그마저 느껴지지 않는 밍숭한 공간이었지요. 줄지어 이동하는 여행자들을 따라 건성으로 둘러보고 나와버렸습니다. 그런데 그곳이 꽤 의미 있는 장소였습니다. 나중에 알고 보니 교회를 장식하고 있는 스테인드글라스에 특별한 그림이 숨어 있다고 하더군요. 옥스퍼드대학에 재직한 《이상한 나라의 앨리스》의 작가 루이스 캐럴을 기념하기 위해, 교회의 스테인드글라스에 주인공 앨리스를 그려 넣었다는 겁니다. 천천히 돌아보며 아이들과 숨은 앨리스 찾기를 했더라면 훨씬 의미 있는 시간이 되었을 텐데 하는 아쉬움이 컸습니다. 우리는 숨은 앨리스 대신 앨리스 기념품 가게에서 쌀쌀맞은 주인아줌마만 만나고 왔는데 말입니다. 미리 정보가 있었더라면 특별하고도 흥미로운 경험을 놓치지 않았겠지요.

프랑스 베르사유의 안주인 마리 앙트와네트에 관심이 많았던 큰 아이는 베르사유 궁전과 프티 트리아농이라는 왕비의 거처에 다녀온 후 애정이 더욱 깊어졌습니다. 꼬마 모차르트가 왕족과 귀족들

오스트리아 쇤부른 궁전 (위)
프랑스 베르사유 궁전 내 프티 트리아농 (아래)

앞에서 연주를 했다는 쇤부른 궁전을 다녀오고 작은아이는 모차르트에 관심이 생겼습니다. 오스트리아가 사랑하는 여인, 황후 시씨의 도시 빈에 머물다 보니 저는 그녀의 암울했던 삶이 더욱 안타까워졌습니다.

때때로 오디션 프로그램에 출연하는 참가자의 사연이 실력보다 더 주목받는 경우가 있습니다. 실력보다 과대평가되었다며 감성팔이 운운하기도 합니다. 하지만 마음을 움직이게 하는 건 이성이 아니라 감성입니다. 마음이 열리면 관심이 생기고 기억하게 됩니다.

여행도 그렇습니다. 이야기를 알면 애정이 생깁니다.

그리고 더 오래 기억하게 됩니다.

도우미가 있는 여행

아이들과 함께하는 여행에서 가장 힘든 건 무엇일까요? 기차를 놓치는 것? 난감하지요. 아이들이 아픈 것? 가슴이 철렁 내려앉습니다. 그런데 말이지요. 아이들과 함께하는 여행에서 가장 힘든 건 외로움입니다.

외롭다니요? 매일 새로운 풍광, 신기한 건축물을 직접 마주하며 감동만 받기에도 시간이 부족한데 외로움이라니요? 24시간 아이들을 챙기고 목적지에 도착하고 밥을 챙겨먹는 것만으로도 하루가 모자랄 지경인데 외로울 짬이 있을까요? 사랑스런 아이들과 원없이 같이 보내는 이 시간이 외롭다니요?

그런데 외롭습니다. 초딩끼리, 고딩끼리, 여자끼리 있을 때에는 시간 가는 줄 모를 만큼 즐겁습니다. 같은 아이돌 가수, 같은 게임, 같은 남자배우에 열광합니다. 끼리끼리가 아니라면 절대 통하지 않는 행복감을 공유하며 유쾌한 시간을 보냅니다. 그러니 아이들과의 여행에서 아이들은 아이들대로 엄마는 엄마대로 일정량의 정서 결핍을 감수하고 있는 셈입니다. 또래끼리만 통하는 그들만의 정서 말입니다.

그럼에도 여행은 계속되어야 합니다. 정서결핍을 보충하면서 말이지요. 정서결핍 처방전으로, 몇 가지 도우미를 추천합니다.

1번 도우미, 책

설명이 필요없는 도우미지요. 한번은 사심을 담아서 책을 꾸렸습니다. 예비 고딩인 큰아이가 여행기간 중 학습에 도움이 되는 책을 읽으면 좋겠다는 마음이었지요. 《고등 교과서에 실린 소설 모음집》이라는 책이었습니다. 본인이 챙겨 넣은 소설책을 다 읽고 나면 이 책도 읽지 않겠느냐는 계산이었죠. 자기가 고른 소설책을 다 읽은 아이가 집어든 책은 다시 그 책이었습니다. 여행 내내 읽고 또 읽으면서도 엄마의 사심이 담긴 책은 목차 한번 살펴보지 않더군요. 결국 《고등 교과서에 실린 소설 모음집》은 버림받았습니다.

여행에 따라간 책에게도 사랑받을 기회를 주세요. 스스로 골라든 책은 무거워도 무겁지 않습니다. 의미 없어 보이는 책이라도 눈 질끈 감고 가방에 넣어주세요. 2주 여행에 만화책 한 권을 가져간 큰

아이는, 출발하는 비행기에서 홀딱 읽어버리고 내내 후회했답니다.

"에잇! 글씨 많은 책 가져올 걸…."

한 달 여행에 손바닥만한 포켓북 한 권을 가져간 작은아이는 그마저도 간신히 읽었습니다.

"한 권이라 다행이다. 귀신이야기는 안 되겠어!"

뭐든 아이에게 남는 게 있습니다. 그것이 후회일지라도 말입니다. 제가 골라드는 책은 주로 역사소설입니다. 말랑말랑한 사랑이야기지요. 물놀이하느라 정신없는 아이들 곁에서, 얼음처럼 차가운 아이스커피를 마시며 성균관 유생들의 사랑이야기를 읽은 적이 있는데요. 세상이 모두 달달해 보이더군요. 와인향 풍기는 서양에서 먹물향 그윽한 동양의 사랑이야기를 읽는, 그 특별함을 권합니다. 마음이 말랑해지면서 감성이 충전된답니다. 단, 아무에게나 비실비실 웃어대는 부작용이 있습니다.

2번 도우미, 음악

음악만큼 신비로운 힘을 가진 도우미도 없습니다. 10년 전에 들었던 음악을 들으면 마치 어제인 듯 10년 전 음악을 듣던 그 장소, 그 느낌이 스르르 되살아납니다. 6년 전, 호주를 여행하면서 내내 들었던 샤이니의 '루시퍼' 라는 노래는 지금 들어도 수영장에서 첨벙거리는 아이들의 모습이 선명하게 떠오릅니다. 닭다리를 낚아채려 날아든 갈매기의 느닷없는 공격으로 엄지손가락이 퉁퉁 부어올랐던 기억도 생생하네요.

겨울 오스트리아 여행에서, 우리는 특별한 호텔에 묵었습니다. 음악가 슈베르트가 영감을 받아 가곡 '보리수'를 작곡한 호텔입니다. 작정하고 음악을 준비했습니다. 비올리스트 용재 오닐의 비올라 연주곡 '보리수.' 여행자가 드문 한적한 마을에 금세 밤이 찾아왔습니다. 겨울숲을 흔드는 밤바람에 키 큰 전나무들이 휘청거리고, 새까만 하늘에 작은 별들이 쏙쏙 박힌 밤이었습니다. 아이들은 침대에서 속살거리고, 저는 차가운 유리창의 한기를 느끼며 용재 오닐의 연주를 들었습니다.

'성문 밖 우물가에 서 있는 보리수….'

오소소 소름이 돋아나는 건, 추위 때문이었을까요.

여행에서 음악이 가장 필요한 순간은 이동할 때입니다. 새로운 도시에 대한 기대감을 안고 기차에 오를 때, 잔뜩 긴장한 채로 낯선 도로를 운전할 때입니다. 후두둑 비가 떨어지기 시작할 때, 아늑한 자동차 안에서 아이들과 입 맞춰 부르는 에이핑크의 '미스터 츄.'

'미스터 츄 입술 위에 츄~.'

푸른 빛이 퍼져가는 남부 이탈리아의 해질녘 속으로 달려가는 자

동차 안에서 가만히 듣게 되는 이적의 '거짓말 거짓말 거짓말.'

'다시 돌아올 거라고 했잖아 잠깐이면 될 거라고 했잖아.'

음악은 분위기를 주도합니다.

3번 도우미, 영화

여행지에 데려갈 영화를 고를 때 대개 여행지와 관련 있는 영화를 고릅니다. 가장 흔한 기준은 배경이 여행지인 영화죠. 저 역시 이탈리아 피렌체를 여행할 때, 〈냉정과 열정 사이〉를 골랐습니다. 이미 몇 번이나 본 영화지만, 피렌체 현지에서 본다면 느낌이 남다를 거라는 기대가 생기더군요.

피렌체 여행 첫날 밤, 영화를 봤습니다. 아! 예상은 빗나가고 쓸쓸한 기분이 확 덮쳐왔습니다. 그때 우리는 이미, 지난 며칠 동안 우리뿐이었거든요. 한국여행자가 많은 베네치아를 거쳐 왔고 피렌체에서도 한국여행자를 흔히 마주쳤지만 그저 스치는 정도였기에 고립감이 들기 시작하는 타이밍이었지요. 이 우주에 온통 외국인 뿐이구나, 말이 통하고 마음이 통하는 이는 딱 우리뿐이구나 하는 정서적 외로움이 슬슬 밀려오고 있던 때였지요. 그런데 기대감을 안고 보기 시작한 영화 속에도 등장인물은 여전히 외국인이고 여전히 외국어를 들어야 했고 풍광마저 이국이더란 말입니다. 여행이고 뭐고 다 집어치우고 짐을 꾸리고 싶었습니다. 한국영화를 가져올 걸…. 대단히 후회스러운 밤이었습니다.

그렇다면 외국영화 말고 한국영화를 챙겨가야 할까요? 그렇게 고독감을 주었던 영화를 피렌체 여행의 마지막 밤에 다시 보았습니다. 분명 같은 영화인데 너무도 달랐습니다! 영화에 등장하는 도시 피렌체의 모든 장소가 친근한 데다 주인공들이 만남을 기약한 두오모의 쿠폴라까지 올라가고 난 다음에 보니 영화는 마치 나를 위해 준비된 선물 같았습니다. 첫날, 영화가 주었던 고독감은 도시에 대한 낯설음이 그대로 투영된 탓이었습니다. 마지막 밤에 다시 본 영화는 마치 새로운 영화인 듯, 두 주인공의 애틋한 감정과 차분한 배경음악, 아름다운 도시풍경에 흠뻑 빠져 감상할 수 있었습니다.

영화 도우미를 활용할 때, 멋진 한국배우가 등장하는 한국영화와 여행지의 풍광이 담긴 외국영화를 사이좋게 준비해 두세요. 낯선 도시에 도착한 첫날, 한국배우의 모국어 대사 한 마디가 큰 위로가 되어줄 겁니다. 낯선 도시에 적응을 마친 날, 여행지의 풍광이 담긴 외국영화를 보세요.

나만의, 나를 위한 아주 특별한 영화로 남게 됩니다.

Focus
ARTISTI

마지막 도우미, 예능 프로그램

이탈리아 피렌체에서 우리는 비앤비에 머물렀습니다. 시내 중심가에서 버스로 30분 거리에 있는 숙소는 조용한 주택가에 자리하고 있었습니다. 숙소를 다녀간 게스트들이, 친절한 주인청년과 유서 깊은 이탈리아 주택에 대한 칭찬을 아끼지 않았던 숙소였습니다. 피렌체 역까지 직접 마중을 나와준 주인청년은 소문대로 친절했고 그가 직접 승용차로 데려다 준 숙소 역시 유서가 깊었습니다. 유서가 깊다는 문장의 또 다른 의미는 오래되고 낡았다는 의미이기도 합니다.

주인청년의 할머니가 살아오신 전형적인 이탈리아의 2층 주택이었습니다. 할머니가 거주했던 2층은, 할머니가 돌아가신 뒤로 폐쇄해 놓아 우리에게 허락된 공간은 1층 침실과 주방, 그리고 1.5층에 위치한 화장실과 욕실이었습니다. 여행자로 북적이는 피렌체 시내를 종일 헤맨 우리를 맞이하는 숙소는, 고요했습니다. 우리의 목소리가 2층 천장에 닿아 울림이 되어 돌아왔고 의자 움직임, 문을 여닫는 소리가 마치 영화의 효과음처럼 선명했습니다. 우리의 움직임 외에는 아무 소리도 들리지 않는, 고요가 흐르는 집이었습니다. 더구나 1.5층에 있는 화장실에서 마주보이는 2층은 돌아가신 주인할머니가 고스란히 느껴지는 공간이었습니다. 따르릉하고 금방이라도 벨이 울릴 것 같은 전화기가 벽에 걸려 있고 빛바랜 반짇고리가 낡은 장식장 선반을 차지하고 있는 풍경은, 앞치마를 두른 할머니가 당장 방문을 열고 나온대도 어색할 게 없었습니다. 우리들의 목소리나 포크 소리가 멈추는 때면, 혹 할머니의 슬리퍼 소리가 들리지 않을까 하는 무섬증이 들기도 했습니다. 우리는 쉼없이 이야기를 하고 음악을 켜놓았습니다.

그럼에도 우리 말고 누군가의 온기가 필요했습니다. 비록 그 온기가 화면에서 품어 나올지라도 말입니다. 현실감이 느껴지면서 깔깔깔 웃을 수 있는, 고요 따위 한 방에 날려버릴 수 있는 그런 무언가가 필요했습니다. 이를테면 〈무한도전〉 같은 예능 프로그램 말이지요. 하지만 오로지 여행의 낭만에만 집중했던 우리에게는 달달한 로맨스 영화와 우주를 지키는 용감한 애니메이션 영화뿐이었습니다. 한국에 있는 아이들 아빠에게 구조요청을 보내 소망하던 〈무한도전〉을 보던 날은, 별빛같은 조명을 달고 반짝거리는 에펠탑을 처음 볼 때만큼이나 감동적이었습니다(진짜라니깐요!).

현실감이 사라진, 온통 낭만뿐인 여행?
센티멘털한 낭만은 유효기간이 짧습니다.
여행에서 마주치는 뜻밖의 외로움은 도우미에게 양보하세요.

포기하는 여행

카메라도 좋아지고 전문가도 많아진 요즘, 여행 좀 한다는 이들의 블로그에 놀러가 보면 예사롭지 않은 사진솜씨에 입이 떡 벌어집니다. 멋진 풍경사진은 말할 것도 없습니다. 입맛 돋우는 음식과 현지인들의 소박한 생활 모습, 거리의 공중전화 박스나 싱싱한 화초로 가꾸어진 창문 등의 테마를 잡아 촬영한 사진들은 촬영자의 센스까지 돋보이게 합니다. 여행정보를 얻으러 갔다가 몇 시간이고 사진 감상에 빠져 있을 때가 한두 번이 아닙니다.

사진 보는 눈이 한껏 높아진 다음 떠난 여행은 어땠을까요? 여행지에 도착하면 습관처럼 아이들을 세워두고 자, 브이 해봐, 웃어봐, 했던 제가 달라진 게 있을까요?

달라지기로 했습니다. 특별한 현지음식도, 평범한 마트 과자들도 하나하나 촬영해서 남겨보기로 했습니다. 아이들은 항상 그랬던 것처럼, 엄마가 카메라를 들면 렌즈 앞으로 달려와 성실하게 브이를 그렸습니다. 그렇지만 이번 여행은 좀 다른 사진을 찍기로 했지요. 이틀 정도 열심히 찍었습니다. 사진 실력은 그대로인데 사진 보는 눈만 높아졌으니 촬영한 사진을 되돌려보면 여전히 턱없이 부족한 사진들이었습니다. 하지만 이전과는 뭔가 달라졌더군요.

아이들이 사라졌습니다! 멋진 사진 찍겠다고, 근사한 작품 남겨보겠다고 셔터를 누르며 제일 많이 했던 말은 바로, "저리가 봐, 비켜봐!" 였습니다. 피사체 하나가 오롯이 주인공이 되어, 점수를 후하게 쳐준다면 제법 그럴 듯한 사진도 몇 장 있었습니다. 하지만 아이들은 행인이 되어 밀려나 있었습니다. 렌즈 너머 피사체에 집중한 시각, 뷰파인더 밖의 아이들이 뭐하고 있었는지 모릅니다. 같이 시간을 보내며 감동을 나누고 싶어 떠나온 여행인데 아이들보다 사진이 주인인 여행이 되어버렸더군요. 봐줄 만한 사진 몇 장은 건졌지만, 과연 아이들이랑 떠나온 엄마여행자의 모습인가요?

아이들을 사진 밖으로 밀어내지 않으면서 멋진 풍광을 사진에 담아내려면 두 몫을 해야 할 텐데 엄마와 사진가의 두 역할을 해내는 건 역부족이었습니다. 방긋 웃는 아이들과 근사한 여행지 사진, 그 둘 중에 시소는 언제나 아이들 쪽으로 기울고 맙니다.

감동을 주는 사진은 순간의 감정이 그대로 전해집니다. 아이들과 눈 맞추며 이야기하는 그 순간, 떠나버린 기차의 꽁무니를 넋 놓고 바라보는 그 순간, 소중한 것을 잃어버리고 눈물을 터뜨리는 그 순간. 세계적인 사진가 앙리 카르티에 브레송Henri Cartier-Bresson의 말처럼, 삶의 모든 순간이 결정적 순간입니다. 갑작스럽게, 너무도 자연스럽게 찾아옵니다. 그때마다 카메라를 꺼내려다가는 놓치고 말 순간들입니다. 메모리 카드 대신 가슴에 남기는 건 어떨까요? 어쩌면 더 오래 남겨질지도 모릅니다. 메모리 카드엔 모습뿐이지만 가슴엔 모습, 소리, 냄새, 눈빛까지 담겨지니까요.

오스트리아 빈 여행에서 벨베데레 궁전으로 가는 길이었습니다. 벨베데레 궁전은 오스트리아 사보이가의 여름별궁으로 사용되다가 훗날 합스부르크가의 미술 수집품을 보관하고 전시하는 공간으로 사용된 곳입니다. 세계문화유산으로 지정된 아름다운 건축물과 단정한 프랑스식 정원이 큰 볼거리입니다. 하지만 많은 여행자들이 벨베데레를 찾는 진짜 중요한 이유는 따로 있습니다. 세계적으로 유명한 화가 클림트의 그림 '키스'가 전시되어 있기 때문이지요.

지하철도 궁전의 정원도 한산한 아침입니다. 초록카페트 두 장을 나란히 깔아놓은 듯 대칭이 꼭 맞는 화단과 은쟁반처럼 넓은 호수는 보는 것만으로도 가슴이 시원해집니다. 우리는 벨베데레 궁전을 돌아보고 바로 쇤부른 궁전에도 갈 참입니다. 마음도 바쁘고 걸음도 바쁩니다. 종종거리며 앞장서는데, 작은아이가 꼼짝않고 서 있습니다. "꼬맹이! 얼른 와!" 얼마쯤 가다 뒤를 돌아보니 여태 그 자리입니다. "빨리 가자!" 아이는 엄마소리가 들리지 않나 봅니다. 왔던 길을 되짚어 아이에게 가 보았습니다.

아이가 홀딱 빠져들어 집중하고 있는 건 분수대 위에 동동 떠있는 오리들이었습니다. 앞모습, 뒷모습, 움직이는 모습을 작은 휴대폰 카메라에 담느라 정신이 없습니다. "이제 그만 가자!"

그깟 오리가 뭐라고 시간을 버리고 있냐는 생각에 짜증이 섞입니다. 그때 아이가 고개를 돌려 이야기합니다.

"엄마, 이 오리들 정말 멋지지 않아? 나는 정말 멋진데!"

파리 루브르 박물관의 '모나리자' 앞에서, 런던 내셔널 갤러리의 '해바라기' 앞에서 제가 그랬습니다.

"모나리자 정말 멋지지 않니? 해바라기 정말 멋지지 않아? 엄마는 정말 멋진데!"

아이에게 오리는, 모나리자나 다름없었습니다.

감동 포인트가 달랐습니다. 내가 받은 감동을 아이도 느끼길 바라는 건 욕심이고 강요였습니다. 아이와 같은 감동 포인트, 포기하세요. 자신만의 여행법을 찾아내는 의미 있는 여행이 시작될 테니까요.

누구에게나 여행을 떠올릴 때 그리는 이미지가 있습니다. 별이 총총 박힌 사막의 깊은 밤, 모닥불을 지피고 빙 둘러 앉아 도란도란 이야기를 나누는 모습이 제가 그리는 이미지입니다. 모닥불 위에서 대롱거리는 반합에는 커피가 보글보글 끓고 있어야 하고요. 탐험모자와 반바지도 빠뜨릴 수 없지요. 극한의 일교차도 무시무시한 독충도 등장하지 않는 이 이미지가 완전히 현실을 외면한 거라면 조금 현실적인 이미지도 있습니다.

아이들이 잠든 밤, 윤기 흐르는 갈색 탁자에 노트북을 올려두고 여행기를 쓰는 모습입니다. 노란 스탠드 빛이 탁자 주변을 밝히고 있어야 하고요. 등 뒤편에서 타닥타닥 벽난로가 타오르고 있다면 더욱 좋겠습니다. 눈 내리는 창가에 앉아 머리를 질끈 묶고 동그란 안경을 낀 채 글쓰기에 빠진 여행자! 이건 좀 현실적이지 않습니까?

그런데 그렇지가 않더군요. 하루 느낌을 정리하고 몇 줄 끄적이는, 별 것도 아닌 일이 정말 쉽지 않았습니다. '머리를 질끈 묶고 동그란 안경을 쓴 채 글쓰기에 빠진 여행자' 에서 '머리를 질끈 묶고' 부분만 현실적이었습니다(책을 읽을 때 안경을 쓰라는 진단을 받았으니 '동그란 안경을 쓴' 부분도 현실이 되었군요).

여행의 처음 며칠은 의욕은 있으나 체력이 없습니다. 갑작스레 늘어난 운동량과 시차 때문이지요. 시차에 적응한 다음 며칠은 의욕은 있으나 시간 여유가 없습니다. 빡빡한 일정 때문이지요. 게다가 굳이 일기에 남기지 않더라도 느낌과 감동이 생생합니다.

후반 며칠은 의욕도 체력도 사라지고 없습니다. 이미 밀려버린 여행기를 정리하자니 의욕이 생겨날 리 없지요. 차곡차곡 쌓이는 피로 덕에 체력도 이미 바닥입니다. 일기는커녕 몇천 장인 사진들은 카메라에, 지갑 한가득 모인 영수증은 지퍼백에 쑤셔넣고 돌아온 여행이 한두 번이 아닙니다. 마치 돌아오지 못한 여행자처럼, 블로그에는 끝내지 못한 여행기가 수북합니다.

여행서를 출간하지 않더라도, 블로그에 여행기를 올리지 않더라도 여행을 정리하는 습관은 필요합니다. 물건을 정리하는 것처럼 마음과 느낌도 정리가 필요합니다. 매일 수필 한 편을, 일기 한 쪽을 쓰는 일은 쉽지 않습니다. 제대로 쓰려다 빈 종이로 남기느니 짧은 메모라도 채우기를 권합니다. 어느 여행작가는 문장 대신 단어로 기록한다고 합니다.

그처럼 기록해보면 이렇겠군요. '폭우, 도서관, 스테이크.'

'폭우가 쏟아져 도서관에 간 날, 열심히 책 읽던 아이들이 스테이크를 먹어야겠다더군요. 무리하게 책을 읽었으니 고기로 에너지를 보충해야 한다나요? 큼직한 스테이크를 한 접시씩 싹싹 비웠습니다. 돈 안 드는 도서관에서 하루를 보냈는데, 한 끼 식사로 하루 예산을 훌쩍 넘겨버린 하루였습니다.'

긴 하루를 기록하는데 세 단어면 충분하군요. 이야기를 기억할 수 있는 키워드만 남기는 여행작가식 메모도 좋은 방법입니다.

오스트리아 바트이슐에서 우연히 문구점에 들어갔습니다. 작은 아이가 색칠놀이를 하고 싶은데 색연필을 안 챙겨왔다며 하나 사고 싶다더군요. 오스트리아에서 사면 더 기념이 될 거라나요? 아이가 색연필을 고르는 사이, 저는 머리가 삼각형 모양인 클립을 한 팩 샀습니다. 여행을 시작하고 사나흘 동안 모인 영수증이 벌써 한 움큼인데 지갑 속에서 뒤죽박죽 섞여버렸습니다. 하루분씩 모아서 정리를 해야겠는데 노랑고무줄 말고는 묶음을 만들 만한 도구가 없었습니다. 클립을 보는 순간, 이거구나 싶었지요.

일기는커녕 십분 양보한 짧은 메모마저 버거운 날에도 영수증 정리만은 강행했습니다. 하루치 영수증을 꺼내 컴퓨터 파일에 항목과 금액을 정리한 다음, 클립으로 엮어두었습니다. 영수증 맨 앞장에 두꺼운 펜으로 날짜를 진하게 써 두었구요. 가진 돈만큼 정해진 예산만큼 쓰면 되지 무슨 돈계산이냐 하는 생각이 들기도 합니다. 그런데 영수증 정리의 진짜 의미는 예산 체크가 아닙니다. 사용된 금액과 사용처를 보면서 그날의 일정을 돌아볼 수 있습니다. 어디에 갔는지 무엇을 먹었는지 쉽게 하루를 떠올릴 수 있지요. 다이어리에 빼곡히 일정을 메모해두지 않아도, 클립에 매달린 영수증만으로도 일정확인이 가능합니다.

매일 밤 영수증 정리를 잊지 마세요. 훗날 어떤 하루를 기억하는 가장 간편한 방법입니다.

잠들기 전에 정리할 게 한 가지 더 있습니다. 바로 사진입니다.

여행 중 카메라가 고장난 적이 있습니다. 네덜란드 암스테르담에서였습니다. 여행을 시작한 지 열흘이 지났을 때이니 저장된 사진은 이미 천 장을 가뿐히 넘겼었지요. 이유도 없이 카메라 렌즈의 줌 기능이 안 되더니 결국 작동을 멈추어버렸습니다. 꼬박 이틀 동안 충전을 해보았지만 소용없더군요. 그나마 2,3일에 한 번꼴로 노트북에 사진을 옮겨놓았고 메모리카드는 정상이라 사진은 살릴 수 있었습니다. 카메라가 고장나서 남은 여행이 걱정스럽기는 했지만 통

째로 잃어버리지 않은 건 다행이었습니다. 그 사진들을 다 못쓰게 되었다면 여행 내내 몹시 우울했겠지요.

사진정리의 가장 중요한 이유는 분실대비입니다. 예기치 못한 사고로 카메라가 고장나거나 분실한다고 해도 사진만은 살려야 합니다. 사진은 곧 우리의 시간이니까요.

사진을 정리할 때, 나라나 도시별 정리보다는 날짜별 정리가 편리합니다. 날짜와 도시이름을 넣어 폴더이름을 만들어 놓으면 목록만으로도 일정 파악이 가능합니다. 1월 24일 런던에서 찍은 사진이라면 폴더명을 '0124런던' 으로 저장합니다. 또한 1월 25일 런던에서 파리로 이동했다면 '0125런던파리' 로 저장해 한눈에 그날의 이동경로까지 확인할 수 있도록 합니다.

카메라에 무선전송 기능이 있다면 노트북을 가져가지 않아도 편리하고 안전하게 사진을 저장할 수 있습니다. 크기와 비용면에서 부담이 덜한 미러리스 카메라를 구입했는데, 무선전송 기능이 내장되어 있었습니다. 와이파이를 통해 휴대폰으로 사진을 전송하고, 전송된 사진들을 다시 웹하드에 올려둘 수 있었습니다. 유용한 기능 덕에 사진정리가 한결 수월했습니다.

여행지에서 하루 동안 찍는 사진의 양을 계산해보니 평균 100장 이상이었습니다. 그리 많지 않은 편입니다. 그럼에도 카메라에 담긴 사진을 옮기고 저장하는 그 몇 분이 고단해서 미뤄둔 적이 한두 번이 아닙니다. 수천 장이 되는 건 시간문제더군요. 즐겁고 행복한 시간을 담은 사진이 해치워야 할 숙제가 되지 않아야 합니다.

여행지에서의 하루는 사진과 영수증 정리로 마감하세요.

내일은 또 내일의 영수증이 발행될 거예요!

사이좋은 여행

큰아이가 초등학교 6학년에 떠난 첫 유럽여행은 친구네 가족과 함께했습니다. 같은 학년인 아이들은 잘 통했고, 우리 엄마들끼리는 서로 의지가 되어 주었습니다. 여행에서 돌아온 우리에게 주변 이웃들은, 여행이 어땠느냐 묻는 대신에 친구네와 잘 지냈는지를 더욱 궁금해 했습니다. 일정을 짜고 현지에서 함께 이동을 하는 데 있어서 전혀 문제가 없었습니다. 하지만 문제는 아주 사소한 부분에 있었습니다. 곳간에서 인심 난다는 말이 있지요. 먹을거리가 사단이었습니다.

친구는 아이들에게 탄산음료를 먹이지 않는 편이고 저는 과하지 않으면 제재하지 않는 편입니다. 여행지에서 바깥활동을 많이 하다 보니 아이들은 자연스레 음료수를 찾게 되는데 그때마다 신경이 쓰이더군요. 탄산음료를 사야 할지 말아야 할지 말이지요. 어쩌다 따로따로 장을 보게 되면, 자연스레 커다란 페트병에 든 탄산음료를 사게 됩니다. 매번 냉장고 속 탄산음료 앞에서 갈등하다가 결국 엄마의 지청구를 듣고 마는 친구네 아이들에게 미안한 일이었습니다. 그렇다고 탄산음료를 아예 먹지 않기로 하자니 우리 아이들의 원성이 자자할 게 뻔했고요. 이래저래 나눠 마시면서 지내게 됐는데, 우리 아이 입장에서는 그게 못마땅했던 모양입니다. 애초에 각자 자기 몫의 음료수를 사서 마시면 되지 않냐고 불평을 하더군요.

탄산음료를 먹이지 않으려는 친구의 양육관, 눈앞에 보이는 달콤한 음료수가 먹고 싶은 친구네 아이들의 마음, 마음 편히 마시지 못하는 우리 아이들의 마음, 셋 중 어느 하나의 손을 들어줄 수 없으니 몹시 난감했습니다.

이런 일도 있었습니다. 큰아이가 유난히 중국식 식당에 가는 걸 내켜하지 않았습니다. 우리식 짜장면집이 아닌, 중국식 푸드코트였습니다. 쇼케이스 안에 중국식으로 요리된 볶음국수와 볶음밥, 튀김 등이 진열되어 있고 선택한 양만큼 돈을 내는 방식의 식당이었습니다. 향신료나 볶음요리를 즐기지 않는 큰아이는 중국식 식당에 갈 때마다 대놓고 투덜거렸습니다. 자기 혼자서라도 다른 레스토랑에 가겠다고 할 정도였으니까요. 여의치 않아 하루는 결국 중국식 식당에서 점심을 먹게 되었습니다. 그런데 이 녀석이 젓가락으로 음식들을 깨작이며 궁얼거리는 겁니다. 향신료 향이 별로

인데 이걸 어떻게 먹냐! 이게 뭐가 맛있냐! 면서요. 옆 테이블에서 맛있게 식사 중인 친구 보기가 민망할 지경이었습니다.

친구네랑 함께하는 여행은 결코 평화롭지 않습니다. 교육관과 양육방법에도 차이가 있을 뿐만 아니라 아이들의 성격마저 제각각입니다. 가고 싶은 곳도 먹고 싶은 것도 보고 싶은 것도 달랐습니다. 그럼에도 저와 친구는 여전히 좋은 사이입니다. 30일의 여행 동안, 우리는 단 한번도 서로에게 서운한 내색을 하지 않았습니다. 마음 상한 적, 원망하고 싶은 적은 많았겠지요. 낯선 나라에서 아이들을 데리고 다니자니 서로 예민했고 마음의 여유가 없었으니까요. 하지만 그때마다 시시콜콜 따지지 않아서, 서운하다고 내색하지 않아서 참 다행입니다. 솔직함이라는 무기를 들고 서로에게 상처주지 않아서 참 다행입니다. 당시에는 짜증나고 신경 쓰였던 일들이 돌아와서 보면 정말 사소한 것들이니까요. 콜라 따위, 볶음밥 따위가 친구네와의 사이좋은 여행을 망칠 뻔했습니다.

친구네와의 여행에서 먹을거리 만큼이나 차이가 느껴졌던 부분이 있었습니다. 바로 여행의 취향입니다. 우리 가족은 도심에서 쉽게 지치는 편입니다. 북적임과 소음에 취약한 편이지요. 그에 반해 친구네는 도심의 활기에서 에너지를 얻는 쪽입니다. 여행의 중반쯤, 새로운 도시에 익숙해지면 우리는 가족만의 시간을 종종 가졌습니다. 우리가 런던 하이드파크에서 점심 도시락을 까먹는 동안 친구네는 버킹엄 궁전을 돌아보았고, 여행의 마지막 날 우리가 파리 근교 도시를 산책할 때 친구네는 오픈 버스를 타고 파리 시내와 작별인사를 나누었습니다. 함께 있을 땐 의지가 되었고 따로 하루를 보낸 날이면 새로 만난 것 마냥 반가웠습니다. 서로의 하루를 궁금해 하고 열심히 이야기를 들어주게 되더군요.

타인과 긴 시간을 보내는 건 아무리 마음이 맞는 사이라 해도 쉽지 않은 일입니다. 아이들과 솔직한 시간을 보내기 위해 떠나온 여행이지만 다른 가족과 함께 있을 때 기대만큼 솔직해지기 어렵습니다. 그럴 때 필요한 것이 바로 '여행 독립' 입니다. 각자의 가족끼리 시간을 보내며 내 아이들과 의미 있는 시간을 나누고 친구의 소중함도 느껴봅니다. 따로 또 같이, 라는 구절은 여행에도 필요합니다.

우리끼리 떠나는 여행도 사이좋은 여행이 되어야 합니다. 특히 사춘기 아이와 떠나는 여행에서는 더욱 그렇습니다. 초2, 중3 아이와의 여행은 분명 셋이 떠났는데 넷이 여행하는 것 같았습니다. 네 번째 멤버는 스마트폰이었습니다. 한 달 동안 여행하면서 중3 큰아이의 표정이 가장 밝았던 곳은 콜로세움도 아니고 맛있는 파스타집도 아니었습니다. 바로 인터넷이 잘 터지는 곳이었지요. 아이의 관심사는 온통 인터넷이었고 줄곧 스마트폰이었습니다. 처음 1주일 동안은 잔소리 폭탄을 퍼부었습니다.

그럴 거면 집에서 휴대폰이나 하고 있지 왜 여행을 왔느냐?

그러다가 하루 24시간을 엄마와 동생과 보내야 하는 사춘기 아이의 마음이 어떨까 생각해보게 되었습니다. 어떤 아이는 이런 명언을 남겼다지 않습니까!

"몬길(게임 '몬스터 길들이기')이 없는 콜로세움은 나에게 아무런 의미가 없다!"

제아무리 멋지고 근사한 여행지라 해도 하루를 가족들과만 보내야 하는 건 아이에게 가혹한 시간일 수 있겠더군요. 저 역시 하루가 끝나는 날 침대에 누워, 그날 찍은 사진을 SNS에 올리고 친구들의 답글을 읽으며 큰 위로를 받았으니까요.

사춘기 아이의 사생활을 보장해주기로 했습니다. 잠들기까지 얼마 동안 전혀 간섭하지 않는 온전한 아이의 시간을 만들어주었습니다(엄마가 너의 시간을 보장하고 있노라는, 귀띔이 필요합니다. 사춘기 아이들이란, 말하지 않으면 절대 모르더라구요!).

사춘기 아이의 사생활, 특히 스마트폰 타임을 보장해주세요.

사이좋은 여행도 보장됩니다.

4

여행은 생각만큼 친절하지 않아

현지에서 살아남기

영어, 넌 누구냐?

"영어 잘하시나 봐요?"

자유여행을 다닌다고 하면 열에 아홉이 묻습니다. 세계여행이나 장기여행을 다녀온 이들의 여행기를 읽다 보면 저 역시 같은 생각을 하게 됩니다. '이 사람 영어 잘하나 보다!'

영어는, 외국여행 특히 자유여행에 가장 피곤한 걸림돌입니다. 마음을 다져 결심했다가도 많은 여행자들의 영어수난기를 읽고 나면 단단했던 결심은 깔끔하게 공중분해 되어버리고 맙니다. 영어가 유창한 이들의 이야기를 읽으면 그들과 천지차이인 영어실력 앞에서 좌절하게 되고, 영어가 어설픈 이들의 이야기를 읽으면 이 고생을 내가 하겠구나 싶은 생각에 잔뜩 졸아붙게 됩니다.

초등학교 6학년인 큰아이와 6살인 작은아이와 함께한 30일 유럽 여행 이야기를 담은 에세이 《열세 살 아이와 함께, 유럽》을 읽은 분들은 더욱 확신에 차서 묻습니다.

"영어 잘하시죠? 그러니까 애들하고 다닐 수 있지요. 저는 영어가 안 돼서…."

이쯤에서 영어실력을 공개해야겠군요.

큼큼! 딱 생존영어 수준입니다. 말 그대로 여행에서 생존을 유지할 수 있을 정도, 기본적인 의식주를 해결할 수 있는 실력입니다. 숙소를 찾아 들어가고 원하는 음식을 사 먹을 수 있으며 가고자 하는 목적지를 찾아갈 수 있는 딱! 고만큼의 수준입니다. 굳이 노력하면 친구를 사귈 수는 있겠지만 깊이 있는 대화나 토론은 불가능하고요. 갑작스럽게 닥친 문제를 해결하기 위해 식은땀을 몇 바가지쯤은 흘려야 하는 수준이지요.

호주 시드니에서였습니다. 이름만큼이나 밤바다도 예쁜 달링하버Darling Harbour라는 지역에서 이름난 레스토랑에 들어갔습니다. 8월의 시드니는 한겨울이었지만 난로가 데워주는 야외테라스는 훈훈했습니다. 립스Ribs 요리가 맛있다고 알려진 곳이었지요. 메뉴판을 넘기며 가격을 체크한 다음, 립스 두 접시면 충분하겠다는 결정을 내린 후, 영어로 주문할 마음의 준비도 마쳤습니다.

'투 립스, 플리즈.'

메모지를 손에 든 웨이트리스가 등장했습니다.

"주문하시겠어요?"

"립스 두 개 주세요."

옆에서 큰아이가 속삭입니다. "엄마, 콜라도!"

"콜라도 두 잔 주세요."

"오케이!" 라고 대답한 웨이트리스가 다시 묻습니다.

"농 앙트레?"

농 앙트레? 이건 뭐지? 머릿속이 바빠졌습니다. '앙트레' 라는 단어를 메뉴판 첫 장에서 본 기억이 났습니다. 에피타이저인 모양입니다. 하지만 우리는 더 주문할 생각이 없습니다.

"예스! (응! 앙트레 안 먹을 거야)"

"휘치 원? (어떤 거?)"

"노우 앙트레! (앙트레 안 먹을 거라고)"

"농 앙트레? (앙트레 안 먹을 거라고?)"

"예스! (응, 안 먹을 거야!)"

웨이트리스의 눈가에 힘이 들어가고 미간이 찌푸려지기 시작했습니다. 그렇습니다. 웨이트리스는 지금 부정의문문으로 질문을 하고 있으며, 저는 부정의문문에 합당한 대답을 해야 하는 상황인 겁니다. 순전히 미국식 아니 여기는 호주이니 호주식으로 사고해야 하는 거죠. 웨이트리스가 한숨을 몰아쉬더니 다시 묻습니다. 마치 최후의 대답을 듣겠다는 듯 한숨소리가 큽니다.

"농 앙트레? (앙트레 안 먹는다고?)"

"노우! 농 앙트레! (아니, 앙트레 안 먹어)"

그제서야 웨이트리스는 메모지를 앞치마 주머니에 집어넣고 철수했습니다. 안 먹을 거냐고 묻길래 응, 안 먹어 라고 대답하는 걸 왜 이해하지 못한단 말입니까? 문법책에서 난데없이 튀어나온 부정의문문을 시드니 레스토랑에서 맞닥뜨릴 줄 누가 알았겠습니까?

예스, 노우, 땡큐만 할 줄 알면 여행하는 데 문제가 없다고 하는 이들도 있습니다. 실제로 그 정도의 단어만으로 여행을 즐기는 이들도 많으니까요. 바디랭귀지라는 만국 공통의 언어가 있고, 설사 부족하고 잘못된 영어일지라도 주눅 들지 않고 자신 있게 사용하는 호기로운 사람들입니다.

그런데 저는 이런 호기가 없는 사람입니다. 우스운 몸짓으로 의사전달을 하는 건 창피하고, 어설프게 영어를 하느니 차라리 입을 다물겠다고 생각하는, 그러니까 언어를 습득하는 데 아주 부적합한 성향의 사람입니다. 그럼에도 여행은 해야 하니 결국 방법은 두 가지입니다. 일상에서 노력하는 방법과 영어가 필요한 위급상황을 만들지 않는 것, 즉 사전준비를 철저히 하는 것입니다.

평소엔 귀가 노는 시간을 활용합니다. 주로 주방일을 하거나 운전을 하는 시간입니다. 특히 주방일을 하는 시간은 운전과 달리 예민한 집중력이 필요치 않기 때문에 더욱 효과적으로 활용할 수 있습니다. 요리를 하거나 설거지를 할 때 영어 라디오방송을 켜놓거나 좋아하는 영화를 틀어놓는 것이지요. 휴대폰에 영어 라디오방송 어플리케이션을 깔아놓고 영화도 다운받아 놓으면 주방 어디서나 들을 수 있습니다. 영어회화 중심의 팟캐스트를 꾸준히 들어도 좋습니다. 집중해서 들어야겠다고 생각하면 공부가 되고 부담이 되어 금세 포기하게 됩니다. 너는 떠들어라 나는 설거지를 하겠다, 라는 생각으로 시작하면 수다스러운 주방친구를 견딜 수 있습니다.

한번은 우리말 자막이 제공되지 않는 외국영화를 영어자막만으로 보게 되었습니다. 우리말 자막이 있더라도 그다지 재미있을 것 같지 않은 영화였는데 두세 달을 반복해서 보니 그마저 재미있어지더군요. 주인공에게 정도 들고, 놓쳤던 대사들을 한두 마디씩 주워듣게 되었습니다. 억지로 하던 설거지가 조금 할 만해졌으니 일석이조입니다.

여행이 다가오면 실전에 필요한 여행영어 강의나 동영상으로 설거지 친구를 바꿉니다. 여행영어 강의는 대부분 초급자를 위해 제작되었기 때문에 쉬운 문장들로 구성되어 있습니다. 초급자에겐 실력을 쌓는, 중급자에겐 실력을 점검할 기회가 됩니다. 이 정도 노력이라면 해볼 만하지 않을까요?

또한 여행지에선 영어가 필요한 위급한 상황이 발생하지 않게 노력합니다. 떠나기 전에는 정보수집을 철저히 해놓고, 현지에서는 인포메이션 센터와 숙소 직원에게 수시로 묻고 도움을 받습니다.

자유여행 떠날 수 있는 영어실력을 한마디로 정의하긴 어렵지만 알파벳만 뗀 수준이라면 말리고 싶습니다. 여행을 유지할 수는 있겠지요. 하지만 수없이 마주치는 예측불허의 상황에 당황하고 허둥대다 지레 지칠 수 있습니다. 더구나 아이와 함께 길을 나서는 엄마 여행자에게, 언어로 인한 고충은 여행 자체를 어렵게 할 수 있습니다. 수시로 화장실에 가고 싶고, 어디서든 잠들고 아무 때나 배고프고 목마른 아이들과 동행하려면, 그때마다 영어로 좌절하지 않으려면, 꼭 필요한 문장은 익혀두는 게 좋습니다. 단기속성 벼락치기로라도 말입니다. 여행준비든 영어준비든 둘 중 하나는 잡고 떠나야 합니다!

호주여행에서 웨이트리스의 부정의문문에 좌절했었지요.

2년 후, 영국 런던에서 한 영국 할아버지가 길을 물었습니다.

"Where is this building?"

"Sorry, I' m a stranger here."

'아이 돈 노우' 하며 황급히 자리를 피하던 내가, 이런 고급문장을 구사하다니요! 듣거나 말거나 끊임없이 종알거려준 설거지 친구들의 공로라고 해도 되겠지요.

프랑스 니스에서 시내버스를 탔을 때의 일입니다. 여행자로 보이는 한 아줌마가 요금을 내고 버스 안쪽으로 걸어오고 있었습니다. 그때 버스기사가 아줌마를 불러 세웠습니다.

"마담!"

누가 봐도 아줌마를 부르고 있는 건데 정작 당사자는 알아채지 못했습니다.

"마담! 마담!"

주변 승객들의 반응을 본 아줌마는 뒤돌아 버스기사에게 다가섰습니다. 버스기사는 아줌마에게 무언가 잘못되었음을 프랑스어로 지적했고 아줌마는 프랑스어를 모른다며 영어로 답했습니다. 버스기사의 프랑스어는 더욱 우렁차졌고 아줌마의 영어는 더욱 까칠해졌습니다. 외국인 여행자에게 프랑스어를 사용하는 현지인과 프랑스를 여행하며 영어만 사용하는 여행자, 그들이 소통할 수 없는 건 당연합니다. 주변 승객의 도움으로 아줌마는 부족한 요금을 마저 내고, 버스에 평화가 찾아왔습니다. 그 모습을 지켜보던 우리는 수군거렸습니다.

"저 아줌마가 심하네. 다른 나라를 여행하려면, 그 나라 말 몇 마디 정도는 알아야 하는 거 아니야? 아니면 '프랑스어를 못해요, 미안해요' 라고 하던지!"

입을 삐죽거리며 아줌마 흉을 보는 저에게 아이가 말했습니다.

"엄마, 우리도 저 아줌마랑 똑같은 거 같은데. 프랑스어, 네덜란드어 하나도 모르잖아."

"그래도 '미안해요. 우리는 프랑스어를 못해요' 라고는 하잖아."

목소리가 점점 작아지는 건 어쩔 수 없었습니다.

여행에서 돌아온 한참 후, 우리는 한 TV프로그램을 보게 되었습니다. 한국에서 일하는 아빠를 찾아오는 인도네시아 모자의 이야기였습니다. 누구의 도움도 없이, 동행하는 제작진이나 엄마의 도움 없이, 오롯이 혼자 힘으로 소년은 아빠가 있는 경기도 안산까지 가야 합니다. 난생 처음 고향마을을 떠나 처음으로 비행기를 타고, 마주한 적 없는 거대한 공항과 매서운 추위를 만난 열두 살 소년은 무사히 아빠를 만날 수 있을까요? 공항에서 아빠의 공장까지 가는 방법을 빼곡히 적은 공책을 꺼내든 소년은, 먼저 길을 물어야 합니다. 벤치에 앉아 있는 중년의 아저씨에게 소년이 다가갑니다. 소년이 저 굳은 인상의 아저씨에게 길을 묻겠지요? 아저씨는 웃음기 하나 없는 얼굴로 대답하겠지요? 나는 영어를 모른다, 고요. 소년이 상처받을 텐데, 지켜보는 제가 더 걱정스러웠습니다. 아저씨 앞에 선 소년이 뒤적뒤적 공책을 넘기더니 말문을 엽니다.

"공앙철도는 오디에써 땁니가?"

소년의 노트에는 한국말이 가득했습니다. 요금은 얼마입니까, 겨울옷은 어디에서 삽니까, 비빔밥 주세요, 소년의 공책에는 인도네시아어 꼬리를 단 한국말이 가득했습니다.

소년의 말을 잘 알아듣지 못한 중년아저씨는 소년의 공책을 받아들고 소리내어 읽었습니다.

"아! 공항철도 말하는구나!"

자리에서 벌떡 일어나 방향을 알려주었습니다.

"깜사함니다."

친절하게 길을 알려준 중년아저씨보다 한 글자 한 글자 정성들인 한글공책을 든 소년이, 저는 더 고마웠습니다.

소년에겐 한국이 친절하고 고마운 나라로 기억되겠지요? 프랑스 니스에서 만난 아줌마 여행자에겐 프랑스가 불친절하고 이기적인 나라로 기억되겠지요? 기억은 그렇게 만들어지는군요.

여행에 필요한 영어실력은 기본적인 욕구해결 수준의 생존영어와 약간의 자신감 그리고 무한한 뻔뻔함, 이 세 가지면 충분합니다!

하지만 언어의 실력만큼 여행의 깊이는 깊어집니다.

내 마음을 열어 준비한 만큼 기억은 완성됩니다.

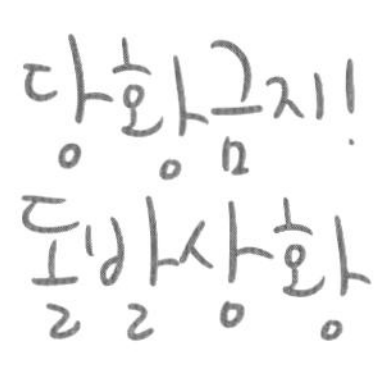

인천공항을 출발해 얼마쯤 날아갔을 때였습니다. 경유지인 북경에 도착하려면 아직 30분 정도 남았습니다. 기내식이 별로라며 투덜거리던 큰아이가 갑자기 뺨을 부여잡고 다급히 엄마를 부릅니다.

"엄마! 이빨이 빠질 것처럼 아파."

치통이 있던 아이도 아니고 잇몸이 아팠던 아이도 아닌데 이빨이 빠질 것 같다니요. 그것도 만 미터의 하늘 위에서.

일시적인 치통일 수 있으니 기다려보자 하고 시간을 보내는 동안 아이는 점점 울상이 되어갑니다.

"괜찮아? 지금은 어때?"

물을 때마다 아이는 모르겠답니다. 아팠다 괜찮았다 하는데 아프지 않는 동안에도 다시 아파질까 겁에 질려 있습니다. 진통제라도 한 알 먹이면 좋겠지만 비상약들은 몽땅 수화물로 보내버렸습니다.

난감하네요. 승무원들은 비행기 승객들 사이를 돌아다니느라 정신이 없어 보입니다. 눈 한번 마주치기가 힘이 듭니다. 아이는 여전히 인상을 찌푸린 채 눈을 감고 있습니다.

"착륙하면 괜찮아질 거야."

아이에게 그리고 나에게 주문을 겁니다.

저녁 8시, 북경공항은 폐장 직전의 쇼핑몰 같습니다. 불꺼진 숍이 여러 곳이고 사람들도 적은 데다 조도가 낮은 조명이 분위기마저 가라앉게 만듭니다.

'아이가 계속 아프면 어쩌지, 여행은 이제 시작했는데, 이번 여행은 만만치 않으려나?' 마음이 무거워지는 생각뿐입니다. 엄마의 한숨이 잦을수록 아이들의 두려움은 커지는 법입니다. 그러니 지금은 한숨을 내쉬는 대신, 어서 빨리 공항 보건실을 찾아 진통제를 구해 아이를 안정시키는 일입니다. 아픈 오빠와 굳은 표정의 엄마 때문에 작은아이는 겁을 먹었습니다. 잠시라도 엄마 곁을 떨어지지 못합니다. 직원이 있는 공항 안내데스크를 겨우 찾아 보건실 위치를 확인했습니다. 불 꺼진 보건실 출입문을 두드려 진통제 한 팩을 샀습니다. 한꺼번에 진통제를 두 알이나 먹고 아이는 안정을 찾은 듯 보입니다. 치통보다도 불안함이 더 컸던 모양입니다(아이가 아픈 이유는 항공성 치통 때문이었습니다. 비행기 내부의 기압이 낮아져 평소에는 통증이 없던 작은 충치나 잇몸 질환이 치통을 일으킬 수 있다고 합니다).

여행지에서 누구든 아프거나 다칠 수 있습니다. 평소보다 주의를 기울이고 조심해도 어쩔 수 없습니다. 하지만 오지가 아닌 이상 두려워할 필요는 없습니다. 비상약도 챙겨갔고 약국이나 병원의 도움을 받을 수도 있습니다. 엄마의 태산같은 한숨과 불안함이 오히려 독이 될 수 있습니다.

호주여행 중 에얼리비치로 가는 날이었습니다. 시드니에서 비행기를 타고 브리즈번에서 내려, 다시 에얼리비치행 비행기를 갈아타야 하는 여정이었지요. 브리즈번에서 비행기를 갈아탈 여유시간 40분이 너무 짧아 영 찜찜했지만 비행기 스케줄상 어쩔 수 없는 선택이었습니다. 어지간히 신경이 쓰였던 모양인지 전날 밤엔 비행기를 놓치는 꿈까지 꾸었습니다. 슬픈 예감은 왜 틀린 적이 없을까요? 시드니에서 출발해야 하는 비행기가 지연되고 말았습니다. 무려 20분이나.

날씨는 화창하고 바람도 없는 날, 시드니 공항에서 출발하는 비행기 중 지연된 비행기는 딱 한 대, 우리 비행기뿐이었습니다. 우리의 여유시간이 20분으로 줄었습니다. 브리즈번으로 날아가는 한 시간 내내 손톱을 물어뜯고 다리를 달달 떨었던 모양입니다. 기내식으로 나온 샌드위치도 그대로 남겨두었던 모양입니다. 여유시간 20분 동안 비행기에서 내리고, 수화물을 찾고, 다시 수속을 해서 비행기를 타는 과정을 머릿속으로 시뮬레이션 하느라 어떤 소리도 들리지 않았습니다. 20분 내에 다음 비행기를 타지 못하면 일이 엉망이 되니까요. 우리가 탈 비행기는 에얼리비치행 마지막 비행기이며 비행기를 놓쳤다고 해서 환불이 되거나 다른 비행기로 대체할 수 있는 상황이 아니었습니다. 고스란히 비행기와 숙소를 날리게 되는 거지요. 모든 최악의 상황을 머릿속으로 떠올렸다 지웠다 하는 동안 아이들이 엄마를 여러 번 불렀나 봅니다.

위급한 순간, 초능력이 생기는 걸까요? 여유시간 20분 동안 모든 일을 다 해냈습니다. 수화물을 찾고, 다음 비행기 카운터를 찾아 수속하고 짐을 보내고, 검색을 통과해 비행기에 올랐습니다. 공항직원에게 수속을 먼저 해달라 사정했고, 곧 게이트가 닫히니 빨리 탑승하라는 방송을 들으며 단거리 선수처럼 공항을 달렸습니다. 그때까지 아이들과 나눈 이야기는, 빨리 가자! 한 마디뿐이었습니다.

간신히 비행기에 올라 숨을 헐떡이는 저에게 큰아이가 이런 이야기를 합니다.

"엄마, 포켓몬이라는 만화를 보면 말이야. 포켓몬 트레이너가 불안해하면 포켓몬도 똑같이 불안해하거든. 왜 그러는지 오늘 알게 됐어."

아이들에게 엄마의 불안이 그대로 전해졌던 겁니다. 좀처럼 당황하지 않던 엄마였으니 더욱 그랬을 겁니다.

맞닥뜨린 상황을 아이들과 충분히 이야기 나누세요. 이해하면 공감하고 기다리게 됩니다. 그리고 같이 해결해보려고 마음을 씁니다. 이건 엄마의 여행이 아니라 우리의 여행이니까요.

엄마의 불안을 아이들이 알게 하지 마세요. 엄마의 불안은 아이들에게 공포입니다. 입이 바짝 마르고 타들어가는 불안함이 닥쳐오더라도 담담하려 노력해야 합니다. 적어도 아이들 앞에서는요. 그리고 마음을 다잡으면 불안함도 작아집니다.

오스트리아 바트이슐이라는 도시에서의 마지막 날이었습니다. 아침식사를 마친 다음 호텔방을 정리해 체크아웃을 했습니다. 저녁 기차 시각까지 트렁크는 호텔에 맡겨두기로 했고요. 전망대가 있는 도시 뒤편으로 산책을 다녀오고 빙하수가 흐르는 옥색 강을 바라보며 조잘조잘 수다를 떨었습니다. 맥도널드에서 점심을 먹고 동네 우체국에서 아빠에게 보낼 엽서를 한 장 사고 시내 서점에도 들렀습니다. 여유로운 시간을 보내고 있었지요. 그런데 한순간, 작은아이가 고개를 갸웃합니다.

"엄마, 혹시 내 휴대폰 가지고 있어? 나한테 없는데…."

아이는 벌써 몇 번이나 주머니와 작은 가방을 뒤적여 보았는지 낙담의 빛이 얼굴에 가득합니다. 찾아보면 있을 거야, 걱정 마, 했지만 마음이 편치 않습니다. 햄버거를 먹으면서 휴대폰으로 사진을 찍었으니 패스트푸드점 다음 장소부터 들러봐야겠습니다.

유력한 장소는 우체국이었습니다. 작은아이는 아까 우체국에서 한참 동안 울었습니다. 기분이 별로 좋지 않았던 모양인데 그걸 눈치채지 못하고 아빠한테 엽서를 쓰라고 했거든요. 쓰고 싶지 않다는 아이에게 일장 연설을 늘어놓았습니다. 우리는 재미있게 여행하고 있지만 아빠는 혼자 쓸쓸할 텐데, 엽서 한 장 보내는 게 어렵더냐 하며 말입니다. 마음을 몰라준다고 생각했는지 우체국 소파에 앉아서 아이는 눈물을 줄줄 흘렸습니다. 분명 그때 주머니에서 빠졌을 겁니다.

그런데 그 자리에 휴대폰이 없습니다. 우체국 직원들에게 물어도 모르겠다는 대답뿐입니다. 유력한 용의자의 알리바이가 확실해지니 난감해졌습니다. 어디부터 다시 돌아봐야 하는 거지? 제법 먼 거리를 걸어다녔는데 전체를 다시 훑자니 보통일이 아니었습니다. 큰아이는 시가지 끝자락에 있는 호텔로 돌아가 호텔부터 시내 쪽으로 걸어오기로 했고요. 저와 작은아이는 호텔 반대쪽인 우체국에서 서점이랑 기념품 가게를 거쳐 시내 쪽으로 오기로 했습니다. 시간이 얼추 맞는다면 중간 지점인 맥도널드에서 만날 수 있는 동선이었습니다. 시내 서점에도 습득된 휴대폰은 없었습니다. 기념품 가게에도 없었고요. 잠시 들렀던 여행자센터에도 역시 없었습니다. 작은아이는 이미 말을 잃었습니다. 휴대폰을 잃어버려서 속이 상하기도 하고 엄마가 혼내지 않을까 걱정도 되었나 봅니다. 찾을 수 있을 거야, 위로하면서 차디찬 아이 손을 쥐고 걸었습니다.

호텔까지 다녀온 큰아이가 반대편에서 걸어오고 있습니다. 알 듯 말 듯한 표정입니다. 풀이 죽은 동생을 향해 주머니 속에서 휴대폰 하나를 꺼내 살짝 흔들어 보입니다. 작은아이의 휴대폰입니다. 호텔방 탁자 위에 얌전히 올려져 있더랍니다. 챙겨라, 하고 탁자 위에 올려두었는데 작은아이가 그냥 나와버린 모양입니다. 두 시간만에 휴대폰과 상봉한 작은아이는 그 자리에 서서 울음을 터뜨렸습니다. 어지간히도 마음이 불편했겠지요. 사실 제 마음도 편치 않았습니다. 휴대폰이 아깝기도 했고 아이의 부주의에 짜증이 나기도 했으며 여행이 잘 안 풀리는 것 같아 걱정까지 되었으니까요. 그러면서도 한편으론 이런 생각이 들더군요.

그깟 휴대폰 사면 되지!

그렇게 생각하니 좀 나아졌습니다. 여행이 안 풀리니 어쩌고 했던 걱정이 지나치다고 생각되었습니다. 누구보다 마음 졸이고 있는 아이를 타박할 필요도 없었습니다. 비행기를 놓칠까 불안할 때, 물건을 잃어버렸을 때, 가장 쉬운 해결방법은 새로운 비행기표를 구하고 또다른 물건을 사면 되는 것입니다. 어느 땐 '돈' 이 가장 쉬운 해결책이 될 수 있습니다.

최후엔 돈이다! 라는 배짱으로 돌발상황에 맞서는 겁니다.

절대 일어나서는 안 되는 일이 있습니다.

친구네와 같이 간 영국여행에서였습니다. 런던 지하철 역에서 노선도를 확인하려고 잠깐 멈춘 사이, 친구는 6학년 큰아이를 놓쳐버렸습니다. 눈 깜짝할 만큼 짧은 순간이었는데 아이가 사라졌습니다. 엄마가 절반쯤 정신을 놓고 안절부절못하는 동안, 아이는 지하철 역무원에게 도움을 청했습니다. 구내 방송을 통해 모녀는 상봉했습니다. 생각보다 아이는 훨씬 침착했습니다. 아이 스스로 대처 방법을 찾았다니 다행스럽고 감사했습니다.

아이를 놓치는 건 찰나입니다. 사람이 많은 곳, 장소가 넓은 곳에서는 더욱 주의를 기울여야 합니다. 아이가 크건 작건 상관없이 말입니다. 불의의 상황에 대비한 작전도 세워두어야 합니다. 아이들의 신분을 확인할 수 있는 영문이름과 국적, 보호자의 연락처, 해당 도시의 숙소 주소와 전화번호 등이 적힌 간이신분증을 만들어 아이들 주머니에 넣어둡니다. 만약 엄마가 보이지 않을 경우, 그 자리에서 절대로 이동하지 않는다든가, 제복을 입은 직원에게 도움을 청한다든가 하는 식의 약속도 필요합니다. 그리고 여행 내내 시계 노릇만 하던 휴대폰이 제몫을 해야 하는 때입니다. 전화통화만으로 위치를 파악하기 어렵다면 아이에게 주변 사진을 찍어서 전송하게 합니다. 현지인에게 도움을 청하면 사진만으로도 수월하게 위치를 파악할 수 있습니다.

일어나서는 안 되는 일은 일어나지 않게 해야 합니다. 미리 겁낼 필요도 없지만 너무 방심해서도 안 됩니다. 그럼에도 일이 일어났다면 침착함을 잃지 마세요. 반드시 잘 해결될 거라는 굳건한 믿음이 우리를 강하게 만듭니다. 침착함을 잃으면 돈도 배짱도 그리고 여행의 기쁨도 잃게 됩니다.

당황금지! 돌발상황에 맞서는 최선의 대책입니다.

어디서든 위풍당당하게

벨기에 브뤼셀에서였습니다. 친구네와 함께 호텔에 체크인을 하려던 참이었지요. 우리 나이로 여섯 살, 만 나이로 네 살인 작은아이가 숙박비를 내야 하는지에 관한 규정을 확인할 수 없어 일단 트윈룸으로 예약을 하고 떠나왔습니다. 프런트에 들어선 우리 일행을 본 호텔직원은 작은아이도 추가요금을 지불해야 한다고 말하더군요. 친구네 작은아이도 같은 상황이었습니다. 연령에 따라 추가요금을 다르게 내야 한다며, 네 살인 우리 작은아이와 일곱 살인 친구네 작은아이에게 각각 다른 금액을 요구했습니다. 미심쩍은 느낌이 들어 추가요금에 대해 구체적으로 물어보니 일곱 살 이하의 어린이는 동일한 금액이라고 답했습니다. 두 아이는 같은 금액인 거지요. 그래서 되물었습니다.

"우리 집의 첫째 아이는 열 한 살이고 작은아이는 네 살이다, 친구네 집의 첫째 아이도 열한 살이고 작은아이는 일곱 살이다, 그러니 우리는 같은 금액을 내면 되는 거 아니냐." 하고요.

직원은 미간을 찡그리며 큰아이의 나이를 다시 물었습니다. 고개를 갸웃하는 걸 보아 아이들의 나이를 잘못 알고 있는 것 같은데 여전히 처음과 같은 추가요금을 요구했습니다. 저는 종이를 꺼내 그림으로 그려가며 다시 가족관계를 확인해 주었습니다. 그러나 직원은 끝까지 같은 태도로 처음과 동일한 금액을 요구했습니다. 직원의 착각이 분명해 보이는데 인정하지 않는 태도가 부당하여 저 역시 끝까지 목소리에 힘을 주어 설명했습니다. 아이들은 지쳐 있었고 이쯤에서 그냥 끝내면 안 될까 하는 신호를 보내고 있었습니다.

하지만 이건 아무리 생각해도 부당한 처사입니다. 정해진 규정이 있고 직원의 요구가 적절하지 않다는 걸 확인까지 했으니까요. 직원의 실수는 용납할 수 있지만 심술은 용납하고 싶지 않았습니다. 시간이 흘러 결국 직원은 손을 들었고, 애초의 규정대로 요금을 받았습니다. 그는 끝까지 미안하다고 하지 않았지만 객실을 업그레이드해준 걸 보면 분명한 항복이라 보였습니다.

부당하다고 생각되면 물러서지 않아야 합니다. 내가 한국을 대표하는 민간외교관이라서가 아닙니다. 언어에 불편함이 있는 외국인은 오히려 도움받아야 합니다. 그곳이 한국이건 외국이건 부당한 차별이나 부적절한 대우를 받을 이유가 없습니다. 더구나 우리 아이들이 말입니다. 그래서 저는 쉽게 물러서지 않습니다. 브뤼셀 호텔에서처럼 승리의 기쁨을 맛보기도 하지만 성과 없이 기분만 상했던 적도 있습니다. 하지만 영어가 서툰 동양아줌마도 호락호락하지 않더라는 따끔한 경험을 그들에게 남겨줄 수 있으니 절반은 성공입니다. 그리고 훗날, 그때 그랬어야 했어, 하는 후회를 남겨두지 않으니 누구 아닌 나 자신에게 떳떳할 수 있습니다.

낯선 환경 낯선 언어 낯선 사람들 속에서 누구든 작아지고 위축됩니다. 하지만 우리는 지금 혼자가 아닙니다. 뒤돌아선 그들이 지독하다며 고개를 설레설레 젓더라도 부당함에 눈 감지 마세요. 나와 아이들의 권리를 지킬 수 있는 사람은 나뿐입니다.

언제나 싸움닭처럼 볏을 세우고 있을 필요는 없습니다. 바짝 엎드린 강아지처럼 충분히 낮춰야 할 때도 있습니다.

영국 런던에서였습니다. 맨체스터로 기차여행을 가기로 한 아침이었지요. 영국에서 처음으로 타는 기차였기에 적잖이 긴장했던 모양입니다. 기차에 오르려다 철도회원카드를 발급받아야 한다는 사실을 뒤늦게 알게 되었습니다. 깜빡 잊은 우리의 실수였습니다. 기차가 출발하기까지 고작 5분밖에 남지 않았습니다. 티켓 검사를 하는 역무원에게 통사정을 해봤지만 소용없었습니다. 기차는 출발 직전이고 카드를 발급해주는 창구의 줄은 길었습니다. 할인이 잔뜩 된 우리 티켓은 환불도 변경도 불가한 표였습니다. 기차를 안 태워준다고 항의할 수도 없는 노릇이고, 우리가 탈 때까지 기차가 기다려주기를 바랄 수는 더더욱 없는 노릇입니다. 이럴 때 방법은 한 가지뿐입니다.

창구 근처의 직원에게 사정설명을 시작했습니다. 우리의 실수를 인정한다, 기차를 놓치면 아이들과 곤란한 상황에 놓인다, 우리가 기차를 탈 수 있는 방법을 알려달라, 라구요.

간절하게 부탁했습니다. 편법이나 예외가 통하지 않는 나라라지만 어쨌건 우리는 최선을 다해볼 수밖에요. 진심은 전해지기 마련입니다. 느리고 서툰 영어를 찬찬히 듣고 있던 직원이 다음 기차를 탈 수 있도록 도움을 주었습니다. 원리 원칙이 철저하게 지켜지는 나라이지만 사정에 따라 유연하게 처리하는 '융통성' 이라는 합리적인 생각도 통하는 나라였습니다. 몇 번이나 감사인사를 하고 기차에 올랐습니다.

부탁은 정중해야 합니다. "예의는 모든 문을 열어준다" 는 말처럼 예의를 갖춘 진심은 누구든 우리 편으로 만들 수 있습니다.

부당함에는 당당하게, 도움을 청할 땐 정중하게!

위풍당당한 여행, 어렵지 않아요.

아이들과, 식사의 기술

영국 런던, 김치찌개 생각이 간절한 어느 저녁이었습니다. 작은 주방이 있는 런던의 호스텔에 머물고 있을 때였지요. 이른 저녁시간, 주방에서 쉬고 있는 이탈리아 청년에게 양해를 구하고 김치찌개를 끓였습니다. 개의치 말라던 이탈리아 청년의 몸이 우리 식탁으로부터 점점 멀어지더군요. 군침을 꼴딱꼴딱 넘기며 찌개냄비를 쳐다보는 아이들과 내색하지 않지만 불편한 냄새를 견디고 있는 청년. 마음에 걸리는 장면이었습니다.

그후 호스텔의 공용주방에서는 냄새가 심한 음식을 조리하는 걸 자제하게 되었습니다. 우리 역시 타국 음식의 낯선 냄새에 당황한 적이 여러 번 있었으니까요.

몇 개뿐인 즉석밥으로 긴 여행을 하자니 주방이 있는 곳에서는 밥을 해먹게 됩니다. 그런데 밥 짓기가 꽤나 시간이 걸리는 일이더군요. 샌드위치를 만들거나 파스타를 삶거나 심지어 스테이크 굽는 일에 비해서도 단연 밥 짓기가 가장 시간이 필요한 일입니다. 그래서 우리는 여행자들이 저녁을 준비하기 20분 전에 식사준비를 시작합니다. 쌀을 씻어 밥을 안치고 그 사이에 반찬 준비하기. 밥이 되면 재빨리 퍼 담고 냄비에 물을 부어 누룽지 끓이기(누룽지를 끓이지 않으면 눌러 붙은 밥알이 잘 떼어지지 않아요). 끓인 누룽지를 그릇에 옮겨 담고 누룽지가 식는 동안 냄비 박박 씻기. 밥이 다 되어갈 즈음, 여행자들이 몰려옵니다. 냄비의 개수가 많지 않고 조리 레인지도 몇 개 되지 않으니 다른 이가 사용할 수 있게 정리해 두어야 합니다.

좁은 호스텔 주방에서 우리는 공유의 원칙을 배워갑니다. 타인과 생활공간을 나누며 배려하고 배려받는 즐거움을 누립니다.

한국에서 가져간 먹거리도 슬슬 동이 나고, 남은 일정을 생각하면 그마저도 아껴야 하는 때가 옵니다. 그때 마침 농가주택에 머물게 되었습니다. 민가와 뚝 떨어져 포도밭 가운데 위치하고 있었지요. 시내 구경을 나온 김에 마트에 들렀습니다. 라면도 떨어지고 밑반찬도 떨어가는 이 시국에 한국음식 타령만 하고 있을 순 없으니까요. 즉석 식품과 반조리 제품이 가득한 냉장고 앞을 서성대는 큰아이에게 먹고 싶은 음식을 한번 골라보라 했더니 냉큼 해산물 파스타를 고릅니다. 우리 식으로 치면 평양냉면이나 쫄면 같은 류의

반조리 식품입니다. 면을 익히고 조리를 해야 하는 요리이지요.

"오늘, 파스타 만들어볼래?"

할 줄 아는 요리라곤 계란 프라이와 라면뿐인 큰아이에게 슬쩍 물었는데 대번에 대답합니다. "좋지!"

마트를 나서는 아이의 발걸음이 경쾌합니다. 덩달아 작은아이도 즐거워 보입니다. 삼각지붕 아래 주방에 서서 아이들이 요리를 시작했습니다.

"엄마! 기름 둘러? 이거 다 넣어? 너무 많은 거 같은데?"

"오빠! 지금 파스타를 넣어야 하는 거 아니야?"

"꼬맹아! 바지락 익었을까? 한번 먹어봐! 익었어? 맛있어?"

작은 집안이 고소한 기름 냄새와 비릿한 해산물 냄새와 재잘대는 아이들의 높은 목소리로 가득합니다. 시끌벅적한 쿠킹 타임이 끝나고 하얀 접시에 담긴 파스타 세 접시가 입장했습니다. 면이 조금 덜 익었고 바지락은 너무 익어서 질기네요. 기름도 덜 넣었으면 담백했을 텐데…. 하지만 그런 평가 따위 의미 없습니다. 오늘 중딩 셰프와 초딩 조수는 최고였으니까요. 내일 저녁에는 꼬치고기 구이에 도전해 본다네요. 내일은 진짜 최고였으면 좋겠습니다. 제발!!

아이들에게 주방을 맡겨보세요. 예상 밖의 요리와 기대치 못한 즐거움이, 동시에 찾아옵니다.

한 고추장 회사의 광고 기억하시나요? 외국여행 온 한국배우가 매일 파스타를 먹던 끝에 이층버스 난간을 붙잡고 고추장 이름을 부르짖던 광고 말입니다. 어쩜 그리 한국여행자의 고충을 제대로 담았는지, 배우의 간절함에 절절히 공감되는 광고였습니다.

외국음식을 그다지 즐기지 않는 편이지만 이탈리아 여행만큼은 달랐습니다. 파스타와 피자를 종류별로 먹어보자며 기대를 했습니다. 파스타나 피자만큼은 자신 있으니까요. 하지만 고작 여행 사흘 만에 우리는 두 손을 들었습니다. 세 끼도 아닌 겨우 하루 한 끼를 파스타와 피자와 스테이크와 햄버거로 먹어야 한다는 게 고역이었습니다. '겨우' 한 끼가 아니고, '날마다' 한 끼였습니다. '날마다' 느끼한 파스타와 기름진 스테이크를 먹어야 하다니요! 나도 모르는 새 고추장 이름을 부르짖게 됩니다. 우리도 광고 속 배우와 다를 바 없었습니다.

바리바리 싸들고 간 한국식품들이 사라져가고, 애지중지 아껴먹던 고추장마저 바닥을 보이기 시작할 때쯤 살 궁리를 해야 했습니다. 이국의 슈퍼에서 한국의 맛을 찾아야 하는 거지요.

이탈리아 슈퍼의 채소 코너에서 가장 흔한 건 샐러드용 채소입니다. 종류별로 용량별로 다양하게 포장되어 있습니다. 고슬고슬 지은 밥 위에 샐러드용 채소를 씻어서 얹고 달걀프라이를 부쳐 올립니다. 아껴둔 고추장을 덜어 넣고 귀한 참기름 한 방울 떨어뜨리면

매콤하고 개운한 한국비빔밥이 됩니다.

양파와 당근은 세계 어느 곳에서도 쉽게 구할 수 있는 채소입니다. 달걀을 풀어 둥그렇게 부쳐두고요. 양파와 당근을 잘게 썰어 밥과 함께 볶아줍니다. 김치가 남아 있다면 김치도 잘게 썰어서 같이 볶습니다. 토마토 케첩을 넣어서 볶으면 알맞게 간이 배어듭니다. 다 볶아진 볶음밥을 접시에 옮겨 담고 부쳐둔 달걀을 예쁘게 덮습니다. 달걀 위에 토마토 케첩을 지그재그로 뿌려주면 완성입니다. 아삭한 양파와 간간한 김치가 깔끔한 맛을 내는 우리식 오므라이스이지요(짜장가루나 카레가루 등 분말형 재료를 준비하면 더욱 쉽고 간단하게 우리음식을 해먹을 수 있답니다).

김치도 없고 요리하기도 싫은 날, 한국의 맛이 그립다면 오이를 몇 개 사오세요. 동그랗게 썬 오이에 소금을 뿌리고 고추장을 넣어 숟가락으로 쓱쓱 섞으면 상큼하고 개운한 고추장 오이무침이 됩니다. 초간단이지만 아주 만족스럽답니다.

이국에서 한국의 맛 찾기 성공의 열쇠는 둘 중 하나입니다. 김치 혹은 고추장! 둘 중 하나면 어디에서도 한국 식탁이 완성됩니다. 현지 재료는 그저 거들 뿐입니다.

이탈리아 나폴리에서였습니다. 기차를 타고 폼페이에 다녀오는 길, 나폴리항을 둘러보기로 했습니다. 오락가락 비가 내리기 시작하더니 해질 무렵이 되자 본격적으로 비가 쏟아졌습니다. 가지고 있는 우산은 한 개뿐인데…. 얼른 나폴리항만 보고 오자며 서둘렀습니다. 하나둘 불을 밝히기 시작하는 베수비오 산 아랫마을과 어둠이 내리기 시작한 나폴리 바다는 평온함과 쓸쓸함을 모두 품고 있었습니다. 빗방울이 거세지지만 않았다면 산책로에 걸터앉아 얼마 동안 바라보고 싶은 풍경이었습니다. 잠깐 사이 빗방울은 빗줄기가 되었습니다. 서둘러 돌아가야겠습니다. 접이 우산 한 개를 셋이서 쓰니 큰아이가 자꾸만 우산 밖으로 밀려납니다. 외투에 달린 모자로 비를 막으며 숙소로 돌아온 큰아이는 온통 젖어 있었습니다. 배낭이, 배낭 아래 겨울외투가, 외투 아래 두툼한 후드티가, 후드티 아래 속옷이 쫄딱 젖어 있었습니다. 여전히 창밖엔 비가 쏟아지고 아이는 달달 떨기 시작합니다. 이런 날에 생각나는 음식은 따뜻한 국물입니다. 부드러우면서도 느끼하지 않고, 든든하면서도 부담스럽지 않은, 고기도 먹고 채소도 먹을 수 있는 그런 국물요리 말입니다.

그 밤, 밤의 베수비오가 보이는 주방에서 닭죽을 끓였습니다. 반으로 똑 잘라진 생닭과 작게 깍둑썰기한 당근과 감자 그리고 쌀을 넣고 폭 끓여내니, 이탈리아 밤 풍경의 멋과 한국 닭죽의 맛이 어우러진 기막힌 요리가 되었습니다. 젖은 몸을 뽀송하게 말리고 옹기종기 둘러앉아 닭죽을 호로록거립니다. 한 그릇을 뚝딱 비우고 나니 주룩주룩 흘러나오던 콧물도 멎었네요. 약식동원(藥食同源)이라 더니 몸에 맞는 좋은 음식이 효능 좋은 약이었습니다.

설거지하는 동안 보글보글 달걀이 삶아지고 있습니다. 내일도 우리의 간식은 삶은 달걀과 부드러운 바나나 그리고 작은 생수병에 옮겨 담은 보리차 한 병입니다. 간식 삼총사 덕분에 우리의 하루가 든든합니다. 조금씩 늘어가는 식사의 기술 덕분에 우리의 여행길도 문제없습니다.

5

여행이라기엔 놀이터가 너무 많잖아

아이가 즐거운 여행

팝콘 들고 깔깔깔

프랑스 파리. 계속되는 도시탐험에 체력이 달리고 흥미가 사그라들 때쯤이었습니다. 일치감치 숙소에 돌아와 저녁을 해먹었습니다. 배가 부르니 그제야 여유가 생기더군요. 잠들기엔 이르고 야경을 보러 나가기엔 체력이 버거웠습니다. 슬슬 산책이나 하면 좋을 것 같은 저녁이었습니다. 슬리퍼 끌고 나가 재미난 영화나 한편 보고 오면 좋을 것 같았지요.

"우리, 영화 보러 갈까?"

영화 보는 일상적인 일을 낯선 도시 파리에서 해보기로 했습니다. 그렇게 쉬웠던 일인데 이 낯선 도시에서 과연 우리가 할 수 있을까요? 아이들과 영화관 검색을 시작했습니다. 얼마간의 검색 끝에 중요한 사실을 알게 되었습니다. 대부분의 외국영화를 자국어인 프랑스어로 더빙하는 프랑스에서 영어로 상영하는 영화를 보기 위해서는 '버전 오리지널Version Original' 이라는 옵션의 영화를 골라야 한다는 사실입니다. 정보를 가진 자는 여유롭습니다. 타국에서 영화를 보는, 별 것도 아닌 일이 막막했는데 마음이 가벼워졌습니다.

숙소와 가까운 극장에서 애니메이션 영화를 보기로 했습니다. 북적북적한 극장 매표소에서 파리 시민들과 섞여 영화표를 끊고 팝콘을 샀습니다. 상영시간이 되면 경호원 복장을 한 직원이 자! 들어가세요! 고함을 지르고, 좋은 좌석에 앉기 위해 시력과 스피드를 갖추어야 하는 구식 시스템에 아이들과 똑같은 감탄사를 내뱉었습니다.

"헐!"

프랑스에서 아이들과 영화 보는 일은 우리나라에서보다 더 만만한 일이더군요. 영화를 보고 돌아가는 밤, 파리가 더 만만해졌습니다. 파리는 쉬운 도시였습니다.

오스트리아 빈에서 나흘째 되던 날이었습니다. 미술사 박물관에서 나오니 바람이 무섭게 불어대고 있었습니다. 작은아이는 사흘 동안 쏟아지던 코피가 겨우 멎었고 저는 간신히 시차에 적응했는데 도무지 날씨가 협조를 해주지 않는군요. 겨울바람에 주눅이 든 우리는 햄버거 가게에 앉아 핫초코를 마시며 대책을 논의했습니다.

"오후에 뭐할까?"

이렇게 난감한 날, 우리가 여행지에서 시간을 보내는 방법은 두

가지입니다. 영화 보기와 도서관 가기. 오늘은 영화를 보기로 했습니다. 마침 아이들과 같이 볼 만한 애니메이션 영화가 상영 중이네요. 상황이 되면 빈에서 영화를 보려고 영어전문상영관 위치를 메모해 두었는데 제대로 써먹게 됐습니다(영어전문상영관이란, 영어로 제작된 영화를 자국어 더빙이나 자막 없이 원화 그대로 상영하는 곳입니다). 공지된 상영시각까지 30분밖에 남지 않았습니다. 애써 찾아간 극장 출입구가 굳게 닫혀 있어 상심할 뻔했는데, 영화 상영 15분 전에 문을 연다는 안내문이 눈에 띕니다.

규모가 작은 극장인데도 콜라 파는 코너는 널찍하군요. 콜라와 나초를 와자작거리며 재미난 애니메이션 한 편을 감상했습니다. 영화도 콜라도 나초도 모두 흡족한 시간이었습니다. 극장을 나서니 귀하디귀한 겨울 햇님은 이미 퇴장했고 빈의 시내는 저녁맞이 중입니다. 여기저기 조명을 달고 반짝이기 시작합니다. 영화 한 편 보고 나니 빈도 만만해집니다. 빈도 쉬운 도시군요.

여행지에서 처음 영화를 보러 나섰을 때 아이들은 내켜하지 않았습니다. 언어에 대한 부담감을 무시할 수 없으니까요. 협박 반 꼬드김 반에 못 이겨 따라간 셈입니다. 큰아이는 고소한 팝콘이나 먹고 오자는 심정이었다더군요. 여섯 살 작은아이는 오히려 즐겁게 따라나섰습니다. 여섯 살 아이에게 영화는 움직이는 그림책을 보는 것

과 다르지 않으니까요.

여행지에서 영화를 볼 때에는 언어가 걸림돌이 되지 않는 영화를 고르는 게 포인트입니다. 스토리가 단순하고 영어 대사가 까다롭지 않은 애니메이션 영화를 골라보세요. 한국어가 없어도 영화 한 편쯤 문제없습니다. 한두 시간, 커다란 화면에 빠져들어 깔깔 웃다 보면 이방인이라는 어색함 따위는 사라지고 맙니다.

아이들은 특별한 곳에서 하는 새로운 경험보다 특별한 곳에서의 익숙한 체험을 더 충분히 즐깁니다. 그 시간은 우리 가족만의 특별한 여행 기억으로 남게 됩니다.

비 오고 바람 부는 날엔 아이들과 영화관으로 가세요!

재미난 영화, 고소한 팝콘향, 깔깔깔 웃음소리로 기억되는 하루를 원한다면요.

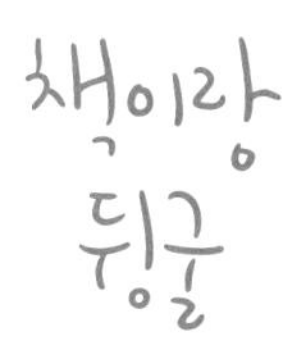

여행지에서 비 오는 날, 너무 추운 날, 너무 더운 날, 지친 날엔 무엇을 하면 좋을까요? 집에서라면 아무 것도 하지 않고 뒹굴거리며 하루를 보내면 그만인데 지금은 여행 중입니다. 뭔가 새로운 것을 보고 경험해야 한다는 사명감으로 똘똘 뭉친 여행자에게 하루를 쉰다는 건 마음이 더 불편해지는 일입니다. 몸도 편하고 마음도 편해지려면 어떻게 보내야 할까요? 그런 하루, 동네 도서관을 추천합니다. 조용해야 하고 책만 읽어야 하는 도서관? 아이들이 고개를 저을 수도 있습니다.

호주 브리즈번에서였습니다. 큰아이가 5학년, 작은아이는 다섯 살이었지요. 아이들이 흥미로워한다는 자연사박물관에 갔다가 나란히 위치한 도서관을 발견했습니다. 누구나 무료로 이용할 수 있는 정보검색용 컴퓨터가 놓여 있고 안쪽 널찍한 공간에선 다양한 연령의 이용자들이 자유롭게 책을 읽거나 공부에 열중해 있었습니다. 발소리를 죽이고 살금살금 안쪽으로 들어가 보았습니다. 낮은 미끄럼틀과 주방놀이 장난감이 갖추어진 미니 놀이터가 등장했습니다. 어린아이들이 부지런히 미끄럼을 타고 종알거리며 소꿉놀이를 하고 있었습니다. 눈높이에 딱 맞는 곳을 발견한 작은아이가 조르르 달려갑니다. 어린이를 위한 공간인 그곳에는 간단한 놀이도구와 학용품이 마련되어 있었습니다. 색연필과 크레파스, 연필, 깨끗한 종이까지. 작은아이는 동네 아이들 사이에 섞여 화가가 되었다가 선생님이 되었다가 바빴습니다. 놀이에 빠져 꼬박 두 시간을 보냈습니다. 그 사이 큰아이는 폭신한 소파에 누워, 다음 도시에 대한 가이드북을 읽다가 졸다가 느긋한 한때를 보냈습니다. 여행지에서 들른 외국 도서관에 대해 아이들이 갖게 된 첫 인상은 바로 '책 읽지 않아도 되는 공간' 이었습니다.

다음 번 여행에서 마다할 이유가 없겠지요?

오스트리아 바트이슐에서 기차 시각까지 두어 시간을 더 보내야 했을 때 우리 가족이 떠올린 곳은 도서관이었습니다. 아이들에게는 믿음이 있었거든요. 책 읽지 않아도 되는 곳, 아무거나 하고 싶은 거 하는 곳이라는 믿음이지요. 동네 주민들에게 물어물어 찾아간 도서관은 관공서 사무실처럼 딱딱해보였습니다. 유리문 너머로 내다보니 이용자가 한 명도 없었습니다. 용기를 내어 들어갔습니다.

"저기, 아이들이 이용할 수 있는 어린이열람실이 있나요? 저희가 이용할 수 있을까요?"

돋보기 너머로 우리를 넘겨보던 사서할머니가 방긋 웃으며 안내해주었습니다. 지하로 연결된 계단을 타고 내려가니 아담한 어린이공간이 나타났습니다. 그림책들이 예쁜 표지를 내보이며 진열되어 있고 독일어 책들 사이에 영어 도서들도 가지런히 정리되어 있었습니다. 동그란 나무 탁자가 몇 개 놓여있고 폭신한 소파도 여러 개 있습니다. 그리고 아이들이 오! 예! 하고 환호성을 지른, 보드게임 코너가 눈에 들어왔습니다. 밀린 일기 쓰고 챙겨온 책을 읽고 휴대폰 게임을 하며 시간을 보낼 생각이었는데 보드게임을 모르는 척할 수가 없더군요. 아이들이 좋아하는 게임을 꺼내와 판을 벌였습니다. 폐관시간까지 두 시간! 이런, 일기 한 줄 못쓰고 게임만 하다 나왔습니다. 도서관에서 책 읽으라는 소리를 한 번도 듣지 않은 아이들의 얼굴이 얼마나 밝았을지 짐작이 되시겠지요?

여행지에서 아이들이 즐겁게 도서관을 가게 하는 방법은 하나입니다. 책 읽지 않을 자유를 보장하라!

여행지에서는, 차를 타고 밥을 먹고 차를 마시고 잠을 자는 모든 행동에 돈을 지불해야 합니다. 따뜻하고 안전한 곳에서 시간을 보낼 수 있는 장소 중 유일하게 공짜인 곳은 도서관입니다. 오스트리아 빈의 한 도서관에는 꼬질꼬질한 노숙자가 들어와서 음악을 듣고 있더군요. 노숙자든 여행자든 다른 이용자에게 피해가 되는 행동을 하지 않는다면 몇 시간이든 자유롭게 머물 수 있습니다. 어린이열람실의 경우, 도서뿐만 아니라 다양한 활동자료를 제공하기도 합니다. 상황에 따라 동네 도서관 프로그램에 참여해볼 수도 있습니다.

도서관을 더 유용하게 알차게 이용하려면 준비물을 챙겨가는 게 좋습니다. 우리는 '도서관 세트'라고 이름 붙인 준비물들을 챙깁니다. 엄마용 세트는 노트북과 책 한 권이구요. 큰아이용 세트는 충전 잘된 휴대폰과 충전기와 이어폰, 소설책 한 권입니다. 내용이 가장 호화로운 작은아이용 세트는 종합장, 색연필, 수첩, 필통 그리고 동화책 한 권입니다. 한 시간만 쉴 예정으로 들어간 오스트리아 빈의 도서관에서는 서가 구경, 책 구경, 잠깐 졸고 나니 두 시간이 훌쩍 지나버렸습니다. 엎어진 김에 쉬어 가자, 마음 먹고 폐관시간까지 도서관에서 머물다 나왔습니다. 아무도 강요하지 않은 촘촘한 스케줄을 쫓아가느라 좀 힘들었는데 멍하게 네 시간을 보내고 나니 뭐라도 하고 싶다는 생각이 막 들더군요. 정체불명의 의욕이 충전되었습니다. 그리고 도서관에 머문 네 시간 동안 우리는 단 1유로도 쓰지 않았습니다.

여행지에서 도서관이 얼마나 고마운 공간인지 충분히 깨달은 우리는 여행 전부터 정보를 모았습니다. 국립이나 시립도서관 정보는 구할 수 있었지만 동네의 작은도서관에 관한 정보는 검색만으로는 찾기 힘들었습니다. 게다가 힘들여 찾아간 국립도서관은 어린이의 출입이 제한되는 곳이 많았습니다. 국립도서관의 주 목적이 자료의 보존이라는 점을 생각하면 납득이 가기도 하지만 파리에서 한 번, 로마에서 한 번 허탕을 치고 돌아오는 발길은 결코 가볍지 않았습니다. 그래도 도서관 직원의 도움으로 어린이도서관을 찾아갈 수 있었으니 헛걸음은 아니었지요.

어린이열람실을 갖춘 도서관은 인터넷 검색보다는 현지에서 정보를 찾는 편이 정확합니다. 여행지의 여행자센터나 호텔 등 숙소 직원에게 물어봐도 좋지만 가장 정확한 방법은 주민에게 물어보는 것입니다. 오스트리아의 한 도시에서 도서관을 찾고 있을 때였습니다. 주민들에게 도서관 위치를 물어 찾아갔는데 그곳은 도서관이 아니라 서점이었습니다. 서점의 이름이 '라이브러리,' 영어 단어를 그대로 사용하고 있었던 거지요. 그래서 다시 물었습니다.

"Excuse me, Where is bibliotheken?"

영어 'library' 대신 독일어 'bibliotheken' 로 물어보니 단번에 정확히 알려주었습니다.

딱 한 마디의 현지어가 긴 영어보다 확실하더군요. 몇 가지 현지어를 기억하는 건 아이들 몫으로 남겨두어도 좋습니다. 새로운 언어에 대한 호기심이 생겨날 수 있는 기회가 되기도 하니까요.

쉬고 싶은 날, 멍하고 싶은 날, 책 한 권 들고 도서관으로 가세요.

체력 회복, 의욕 충전, 지갑 보존!

도서관을 사랑하지 않을 수 있을까요?

오스트리아 빈 중앙도서관

호주 퀸즐랜드 주립도서관

오스트리아 바트이슐 도서관

온몸으로 집중

책으로 읽으면 오십이 남고 몸으로 겪으면 백이 남겨진다는 옛말을 빌리지 않더라도 여행은 그 자체로 훌륭한 체험입니다. 몸체만 한 짐을 끌고 들어야 하고, 생전 처음 보는 골목길을 헤매며 숙소를 찾아야 합니다. 엄마와 동생의 손을 쥐고 달려가 떠나려는 기차에 올라야 하고, 잘못 탄 버스 안에서 두근두근 가슴을 졸이며 노선표를 확인해야 합니다. 매시 매초가 예측할 수 없게 스펙터클합니다. 알고 보면 여행은 드라마가 아니라 스릴러입니다. 그래서인가요? 여행의 시간들은 자연스레 몸에 남겨집니다.

아이들에게 체험이 될 만한 활동은 정말 많습니다. 런던의 하이드파크에서는 승마체험을, 로마에서는 피자 만들기 체험을, 영국이나 스페인에서는 축구경기를 관람할 수도 있습니다. 아이들의 기호를 반영한 다양한 체험들을 찾을 수 있습니다.

벨기에는 초콜릿과 와플이 유명한 나라입니다. 벨기에 여행에서는 초콜릿과 관련된 체험을 해보리라는 계획을 세우고 열렬히 정보를 찾았습니다. 대부분의 여행자들에게 벨기에는 프랑스나 영국으로 건너가기 전에 잠시 거치는 나라였기에 체험과 연관된 정보를 구하기가 쉽지 않았습니다. 결국 벨기에 관광청에 접속해 검색한 끝에 초콜릿을 만드는 쿠킹클래스 프로그램을 예약해 두었습니다.

벨기에 도착 첫날, 브뤼셀의 공기에 익숙해지기도 전에 우리는 지하철을 타고 초콜릿을 만들러 갔습니다. 지하철을 타고 가는 거리는 지도에 보이는 거리보다 몇 배나 멀었습니다. 20분을 예상했는데 한 시간이 걸렸고 결국 우리는 제시간에 도착하지 못했습니다. 이대로 돌아가기엔 너무 아쉬웠습니다. 달려오느라 숨을 할딱거리는 아이들을 들이밀며 부탁한 끝에 간신히 클래스에 들어갈 수 있었습니다.

수업 중간에 들어간 우리가 한 일이라고는 잘 녹여진 초콜릿 페이스트를 모양대로 짜서 그 위에 토핑을 올리는 것뿐이었습니다. 하지만 아이들은 열심이었습니다. 모양을 내며 정성껏 초콜릿을 짜고, 스무 가지가 넘는 토핑 중 마음에 드는 재료를 신중하게 골랐습니다. 초콜릿 장인이라도 이만큼 신중하지는 않았을 겁니다. 알맞게 굳은 초콜릿을 투명한 비닐봉투에 담아 하나씩 움켜쥐고 강의실을 나왔습니다.

한국에서 정보를 찾으며 보낸 시간, 노심초사하며 초콜릿 클래스로 뛰어온 시간에 비해 정작 쇼콜라띠에 체험은 너무 짧았습니다. 그렇지만 아이들은 시간의 길이 따위는 상관없나 봅니다. 곳간 들락거리는 생쥐 마냥 움켜쥔 초콜릿 봉투를 쥐락펴락하며 황홀한 표정으로 초콜릿을 녹여 먹었습니다. 마지막 한 조각을 넘길 때까지, 아빠 몫으로 남겨둔 한 봉지를 가방 안쪽에 넣고 지퍼를 잠글 때까지, 내내 아이들은 벙긋거렸습니다.

초콜릿을 만드는 시간이 너무 짧다며 이럴 줄 알았으면 슈퍼에서 그냥 사 먹을 걸 그랬다며 입을 삐죽거리던 저는 멈칫! 했습니다. 아이들에겐 초콜릿 만들러 출발하는 그때부터, 진지하게 초콜릿 토핑을 고르는 때, 마침내 완성된 초콜릿을 오물거리는 때, 바스락거리는 텅빈 초콜릿 봉지를 손에서 놓아주는 그때까지, 모든 순간이 체험이었습니다. 길고 복잡한 영어문장들을 해독하며 머리가 지끈했던 시간들이 전혀 아깝지 않았습니다.

영국 옥스퍼드대학을 방문했을 때입니다. 학구열이 후끈 느껴지는 고풍스런 교정을 돌아보고 나오던 길이었습니다. 후끈 느껴지는 학구열이 아이들에겐 미처 도달하지 못했나 봅니다. 아이들은 심드렁했습니다. 그러다 앞서 걷던 아이가 교정 한켠에 놓인 작은 분수

를 찾아냈습니다. 보글보글 물이 솟아오르는 아담한 분수를 향해 생기 없던 아이들이 쪼르르 달려갑니다. 주머니 속 동전을 꺼내 들더니 차례로 줄을 서서 동전 던지기를 시작합니다.

소원 빌었어? 소원 빌어야지!

10센트짜리, 10원짜리 가릴 것 없이 신나서 던지는 아이들 뒤로 슬쩍 끼어들어 저도 동전을 던져 보았습니다. 옥스퍼드대학에서 빌었으니 공부 소원이 이루어지려나요.

주머니 속 동전을 탈탈 털어 뜬금없는 기부를 하고 우리는 교정 내의 교회에 들어갔습니다. 차분해지는 분위기에 절로 마음이 진정된 우리는 헌금을 하고 촛불을 밝혔습니다. 그리고 한켠에 놓인 엽서에 각자 소원을 적었습니다. '즐겁고 안전한 여행이 되게 해주세요.' 큰아이의 소원을 작은아이가 그대로 베껴 적습니다. 그리고 우리가 밝힌 촛불 앞에서 한 번 더 기도를 합니다.

이번에는 교정 밖에서 만난 작은 동물을 앞에 두고 아이들이 한바탕 치열한 토론을 벌입니다.

"몸에 줄무늬가 없잖아. 저건 청설모라고!"

"몸이 갈색이잖아. 그러니깐 다람쥐지!"

한 치의 양보도 없습니다.

아이들은 자기들만의 방법으로 옥스퍼드를 기억합니다. 백 마디 잔소리가 필요 없는 시간이었습니다. 명문대의 기운이 전해지길,

멋지고 당찬 미래를 그려보길 바랐던 엄마의 기대와는 완벽하게 어긋났습니다. 하지만 동전 던지기 딱 좋은 우물과 정성껏 적어 넣은 소원엽서로 기억되는 옥스퍼드도 나쁘지 않습니다.

체험의 가치는 투자한 돈의 액수가 결정하지 못합니다. 미리 준비한 엄마의 노력과도 비례하지 않습니다. 스스로 찾아낸 놀이에 더 몰입하고 더 큰 재미를 느끼니 말입니다.

준비된 체험보다 스스로 찾아보게 하세요.

우리는 그저 놀이를 발견하고 온몸으로 집중하는 아이들의 시간을 기다려주기만 하면 됩니다. 천천히, 느긋하게.

바이킹 타고 오싹

영국 윈저에는 레고랜드라는 테마파크가 있습니다. 이름 그대로 레고가 테마인 놀이공원입니다. 레고 인형, 레고 건물, 레고 놀이기구가 가득한 곳이지요. 섬세한 마릴린 먼로의 초상화도, 거대한 이집트 파라오도 모두 손톱만한 블록조각들로 만든 작품입니다. 정교함과 섬세함에 절로 감탄하게 됩니다. 하지만 아이들이 감탄을 터트리는 건 정교한 블록인형이 아니라 쉬잉쉬잉 거리며 귀를 잡아끄는 놀이기구들입니다. 공원에 들어서자마자 지도를 쥐고 달음박질합니다. 어느새 바이킹 탑승 줄에 서 있고 어느새 꼬마기차 탑승구에 서 있습니다.

두 살부터 열두 살 아이를 대상으로 한 테마공원인 만큼 놀이기구가 우리 것에 비해 심심합니다. 턱없이 시시해 보이는 놀이기구인 데도 보호자를 동반해야 하는 것들이 많네요. 작은아이는 빙글 빙글 돌아가는 레고모양 기차에 앉아서, 큰아이는 엉덩이가 하늘로 치켜 올라가는 바이킹 끝에 앉아서 스릴을 즐깁니다. 별거 아니네, 하며 걸어 나오는 큰아이의 다리가 휘청이는 것을 보았지요. 규모와 시설에 관계없이 놀이공원이라는 장소 자체가 주는 흥분을 아이들은 만끽합니다. 역시 아이들은 놀 때 가장 초롱초롱 빛이 납니다. 그곳이 미술관이나 박물관이라면 더욱 좋았겠지만, 그건 엄마의 욕심이라는 거 이제는 알고 있습니다. 어느 곳에서건 최선을 다하는 사람이 되길 바랐던 엄마의 소망을 놀이공원에서만큼은 이루어주는군요.

놀이공원은, 세상에서 가장 자발적인 아이가 되는 곳입니다.

호주 브리즈번에는 론파인 코알라 보호구역**Lone Pine Koala Sanctuary**이라는 세계 최대 규모의 코알라 보호구역이 있습니다. 호주의 대표 동물인 코알라를 비롯해 캥거루, 에뮤 등을 만날 수 있는 곳입니다. 공원에 들어서자마자 느릿느릿 오솔길을 건너던 도마뱀을 밟을 뻔했습니다. 오동통하고 귀여운 코알라들이 옹기종기 모여 있는 평화로운 동물원을 기대했는데 커다란 도마뱀이라니요!

코알라 보호구역에서 제일 먼저 만난 동물은 캥거루였습니다. 넓고 야트막한 동산에 캥거루 수십 마리가 여유롭게 쉬고 있었습니다. 누워 있거나 가만히 서 있는 캥거루를 쓰다듬으며 관람객들은 사진 찍기에 바빴습니다. 발밑에 지천인 캥거루 똥을 요리조리 피해 우리도 캥거루 근처로 이동했습니다. 털이 곱고 순해 보이는 녀석이 다리를 쭉 펴고 꼬리를 늘어뜨린 채 누워 있었습니다.

순둥이같은 눈망울을 가진 캥거루는 의외로 근육질이었습니다. 튼실한 넓적다리는 물론이고 길게 늘어진 꼬리는 질긴 동아줄 마냥 단단해 보였습니다. 다른 관람객들은 곱게 정리된 등허리를 어루만지며 얼굴을 맞대고 캥거루만큼이나 여유로운 자태로 사진을 잘도 찍는데, 우리는 셋 중 누구도 캥거루 가까이 다가가지 못했습니다.

"저 녀석이 벌떡 일어나 튼튼한 넓적다리로 발차기를 하면 어쩌지? 꼬리 좀 봐! 저거 한 방이면 기절할 수도 있겠다!"

순하게 누워 있는 캥거루를 앞에 두고 우리는 지레 겁을 먹었습니다. 간신히 용기를 내어 캥거루 앞에 선 우리는 행여 캥거루님의 심사를 거스를 세라 뻣뻣하게 굳은 채로 사진을 찍었습니다. 다섯 살 작은아이는 그 사진마저 포기했지만요. 구역을 벗어날 때까지 캥거루들은 여전히 평화로왔습니다. 그럼에도 우리의 발걸음은 왜 그리 빨랐을까요?

코알라 구역은 실로 달랐습니다. 한눈에 띄는 캥거루와는 달리 마치 숨은 그림을 찾는 듯, 우리는 유칼립투스 나뭇가지에 그림처럼 달라붙어 있는 진회색 털뭉치를 찾아야 했습니다. 나무 가까이에 다가가도, 나무 가까이에서 소리를 질러도 미동조차 없는 코알라들은 안정감을 주었습니다. 이 녀석들은 절대로 우리를 공격하지 않을 거라는 믿음이 굳건해지면서 작은아이의 표정이 화사해졌습니다.

코알라야! 야! 코알라!

울타리 안에 있는 코알라를 들여다보고 나무 위에서 잠든 코알라를 불러보며 아이들은 신이 났습니다. 마침 코알라 생태설명회가 열리고 있었는데 중반부에 코알라 한 마리를 품에 안은 직원이 등장했습니다. 관람객들에게 코알라를 만져보게 하고 원하면 안아보게 해주었습니다. 직원의 품에 안겨 미동조차 없는, 순하디 순한 코알라의 등털은 보이는 것만큼 보드라웠습니다. 고운 빗자루처럼 단정했습니다. 작은아이가 용기를 냈습니다. 작은 손을 내밀어 코알라의 등을 살그머니 쓰다듬었습니다. 바로 그 순간 코알라가 움찔하더니 아주 느리고 천천히 고개를 돌렸습니다. 그 느리고 굼뜬 코알라의 움직임에 작은아이는 천둥소리라도 들은 양 소스라치게 놀랐습니다. 엄청난 빠르기로 코알라에게서 손을 떼고는 허옇게 질린 얼굴로 엄마의 손을 잡아 끌었습니다.

엄마, 우리 빨리 나가자!

스릴은 멀리 있지 않았습니다. 순하게 누워 있는 캥거루와 느려터진 코알라를 앞에 두고 이토록 깊은 스릴감을 느낄 수 있습니다.

엄마와 오빠에게 내내 안겨 있던 작은아이는 병아리를 앞에 두고

비로소 평화를 찾았습니다. 그들이 작고 귀여워서가 아닙니다. 그들은 결코 병아리장 밖으로 나올 수 없기 때문입니다.

스릴이 없어도 충분합니다. 여기는 놀이공원이니까요! 사뿐사뿐 걸어가 바이킹의 품에 안긴 아이들의 표정을 보세요.

스릴이 있다면 그건 덤입니다. 부드럽고도 날카로운 코알라 공원의 시간은 아찔하게 내리꽂히는 롤러코스터만큼이나 아이에게 강렬한 기억이 되었으니까요.

역시 탐험은, 대담한 용기와 담대한 뱃심이 필요한 일입니다.

그곳이 놀이공원일지라도, 그곳이 동물원일지라도 말입니다.

울에서 첨벙

상상만으로도 행복해지는 여행이 있습니다. 아담하고 예쁜 가게들을 기웃거리고, 향 좋은 카페에 들어가 편한 소파에 몸을 파묻고 느긋하게 책 읽으며 시간을 보내는 게으른 여행. 그런데 안타깝게도 이런 스타일의 여행은 아이들이 하품하기에 딱 좋은 코스입니다. 그렇다면 문화체험은 어떨까요? 익히 들어온 것들을 눈으로 직접 확인해보는 기회이니 얼마나 신기하고 흥미롭겠습니까. 대영박물관 투어를 할 때 시간 가는 게 아까울 정도였으니까요. 하지만 아이들에게 문화체험이란 새로 들인 전집세트와 비슷합니다. 처음 몇 권이 흥미로울 뿐이죠. 오래된 유물이나 조용한 골목길이 지루해지는 건 당연합니다.

아이들과 같이 떠난 여행에서 아이도 엄마도 모두 즐거우려면 뭔가 보상이 필요합니다. 지겨운 박물관에서 두 시간 참기를 잘 했어,

하는 생각이 들 만한 보상 말입니다. 우리 여행의 보상은 언제나 물놀이입니다.

프랑스 남부의 니스로 향하는 비행기 안에서 아이들은 어느 때보다 흥분했습니다. 바닷가라는 것만으로도 아이들은 이미 행복했지요. 하지만 사진 속에서 그렇게도 새파랗던 코트 다쥐르Côte d'Azur 지방의 하늘은 거무튀튀한 회색이었고 어마어마한 파도를 업고 달려드는 지중해는 사나웠습니다. 아이들이 비치 가까이 다가서기만 해도, 동네주민들이 되돌아오라고 소리를 질렀습니다(이튿날, 산책로에 바닷물이 고여 있더군요. 주민들의 염려가 지나치지 않았습니다). 부풀었던 풍선에 바람 빠지듯 아이들 얼굴에서 기대감이 포르르 빠져나갔습니다. 하지만 벌써 실망할 필요는 없습니다. 니스 말고도 다른 대안이 준비되어 있으니까요. 여행을 마치고 돌아가는 길, 홍콩여행에서 우리는 수영장이 있는 호텔에 묵었습니다. 아이들은 수영장 물놀이 한 번으로 긴 여행의 여독을 깔끔하게 털어냈습니다. 반짝반짝 눈이 빛나고 얼굴에 생기가 도는 것이, 새로 여행을 떠나래도 문제없어 보였습니다.

알고 보면 물놀이는 장소와 계절에 구애받지 않는 활동입니다. 여름이면 실외에서, 겨울이면 실내에서 즐길 수 있습니다. 대단한 시설을 갖춘 워터파크든 동네 공공수영장이든 작은 실내수영장이

든 장소는 얼마든지 있습니다.

아이들이 물놀이를 할 만한 장소를 물색한 다음, 꼭 해야 할 일이 있습니다. 바로 후기를 찬찬히 읽어보는 일입니다. 탈의실에서 옷을 갈아입고 수영장으로 들어가는 일이 뭐 어려운 일이겠습니까마는, 그것이 어려울 때도 있더군요.

이탈리아 사투르니아Saturnia의 노천온천은 터키의 테라스 온천 파묵칼레Pamukkale와 닮았습니다. 파묵칼레를 작게 줄여 놓은 모양새지요. '겨울에도 즐길 수 있는 무료 노천온천' 이라는 게 우리가 아는 전부였습니다. 그것만으로 충분했기에 후기를 더 찾아볼 필요도 없었습니다. 수영복과 수건 그리고 간식을 챙겨 길을 나섰습니다. 한적한 시골도로를 달려 드디어 사투르니아에 도착했습니다. 길가에 차를 세우고, 수영복과 수건이 든 가방을 품에 안고 온천으로 향합니다.

노천온천은 사진 속 모습 그대로입니다. 한겨울인데도 연하늘색 물웅덩이 위로 모락모락 김이 피어오르고 뜨끈한 물에 몸을 담근 사람들은 나른해 보입니다. 빨리 뛰어들고 싶어 하는 아이를 위해 탈의실을 찾아봤지만 어디에도 없습니다. 자동차로 돌아가 좁은 뒷좌석에서 꼼지락거리며 두 아이가 수영복으로 갈아입었습니다. 아이들은 온천으로 뛰어들고 저는 가장자리에 비치타월 한 장을 펼치고 걸터앉았습니다.

온천수가 흐르는 곳에 자연적으로 만들어진 천연온천이라 별다른 편의시설이 없습니다. 어쨌든 아이들이 즐거워하니 불편함을 접고 기쁘게 시간을 보내야지요. 테라스 위아래 칸을 오가며 아이들이 첨벙거립니다. 젊은 커플이 온천 깊숙한 곳에 몸을 담그고 있고 젊은 남자 몇과 중년 커플이 온천물이 쏟아지는 테라스 가에 앉아 등으로 물맞이를 하고 있습니다. 어! 아이들이 걸어 나옵니다. 물놀이를 한 지 20분도 지나지 않았는데 돌아가겠답니다.

"물에 가만히 있으면 따뜻한데, 일어서거나 왔다갔다 하면 너무 추워!"

"가만히 앉아 있으면 물 바닥이 보이는데, 바닥에 벌레가 있어!"

"벌레가 없는 곳으로 가려고 일어서면 또 너무 추워!"

"그래서 더 이상 놀 수가 없어."

큰아이가 젖은 수영복을 갈아입으러 차로 뛰어갑니다.

그때 온천 깊숙이 앉아있던 젊은 커플이 물 밖으로 걸어 나옵니다. 옷을 갈아입을 모양인지 주변을 쓱 둘러봅니다. 알다시피 이 노천온천엔 탈의실이 없지 않습니까. 물가에 서 있던 남자가 뒤로 돌아 수영복을 훌렁 벗더니 속옷과 청바지로 후다닥 갈아입더군요. 저는 보고야 말았습니다. 그의 허연 궁둥이를.

이제 남은 사람은 그의 글래머 여자친구군요. 비키니 차림의 그녀는 남자친구가 손을 맞잡아 동그랗게 만들어 놓은 비치타월 안으로 쏙 들어갑니다. 얼마 동안 꼼지락거리더니 순식간에 말짱하게 등장했습니다. 아! 타월을 들고 있던 남자친구만 발그레해졌군요. 온천에 앉아 있던 젊은 남자들이 분노의 잠수를 합니다.

간식으로 챙겨간 바나나를 까먹으며 숙소로 돌아갑니다. 계란 썩는 것 같은 유황냄새에서 살아남으려면 추워도 자동차 창문을 닫을 수가 없습니다. 후기를 꼼꼼히 챙겨보지 않은 죄로, 노상 탈의실에서 유황냄새까지 제대로 체험했네요.

오스트리아 바트이슐은 왕실 가족이 온천을 즐기기 위해 방문했다는 소금온천으로 유명한 도시입니다. 도시 입구에 위치한 기차역 건너편에는 커다란 온천리조트가 있습니다. 근처의 작은 호텔에 묵으며, 데이쿠폰을 구입해 온천을 이용하기로 했습니다. 해가 질 무렵, 수영복 가방을 들고 온천으로 향합니다. 오늘은 야간온천을 즐길 겁니다!

탈의실은 남녀공용입니다. 한 공간에 로커가 설치되어 있으며 남녀 구분 없이 이용합니다. 후기를 읽어보지 않았다면 처음부터 당황했겠지요? 하지만 사전정보를 가진 우리는 침착하게 탈의공간을 찾아 들어갔습니다. 옷을 갈아입을 수 있는 별도의 탈의공간이 있거든요. 공용 탈의실이나 프라이빗 탈의실, 아무 곳에서나 옷을 갈아입으면 됩니다. 수영복을 무사히 입었다고 방심해서는 안 됩니다. 수영복을 착용하지 않은 누드 상태로 입장하는 사우나가 있는데 그곳은 남녀혼용 사우나입니다. 이정표를 제대로 따라가지 않으면 원치 않는 장면을 볼 수도 있다는 의미입니다.

송이송이 눈송이가 떨어지는 겨울 저녁, 뜨끈한 온천수가 흐르는 풀을 둥둥 떠다녔습니다. 수압 마사지를 받고 풀 가장자리에 기대 쉬며 코가 싸해지는 겨울 공기를 들이마셨습니다. 소금기 많은 짠물이라 투실투실 살이 오른 중딩아이도 둥둥 잘 뜨는군요. 소금온천이 이름값을 합니다.

손가락이 쪼글쪼글해질 때쯤 온천에서 나왔습니다. 들어왔던 순서대로 되짚어 샤워를 하고 옷을 갈아입고 로커에서 소지품을 꺼냈지요. 바로 그때였습니다. 우리 뒤편에 있던 80대 할아버지가 그 자리에서 하얀 속옷을 거침없이 벗어내리더군요(저는 왜 이리 놀라운 시력을 가지고 있단 말입니까?). 황급히 짐을 챙겨 나왔습니다. 단 한순간의 방심도 허락지 않은 긴장감 넘치는 온천투어였습니다.

후기를 읽어두지 않았더라면 아마 수영복 가방을 열어보지도 못하고 돌아왔을지도 모릅니다. 혹은 수영복을 입다 말고 직원에게 따져 물었을지도 모릅니다. 성공적인 오스트리아 온천투어는 순전히 후기의 공입니다.

이탈리아 사투르니아 온천

호주 에얼리비치 라군

물놀이는 아이들 컨디션 회복에 특효약입니다. 이렇게 좋은 여행을 데려와 주었는데 물놀이라는 과한 배려까지 해야 하나, 하는 마음도 있었습니다. 하지만 알고 보면 말입니다. 궁금하지 않은 박물관, 재미없는 동네 산책을 군소리 없이 같이 해주는 것, 이것은 아이들의 배려가 아닐까요? 엄마가 원하니 한번 가봅시다, 하는.

우리 여행엔 반드시 물놀이가 있다는 믿음을 심어주세요.

엄마의 여행 스케줄을 의심하지 않습니다. 절대로!

대단한 박물관, 근사한 궁전?

첨벙첨벙 물놀이 한 시간에 당할 수 없습니다!

6

커피 한잔에 설렐 줄이야

엄마도 행복한 여행

낮의 여유를 즐겨요

어째서 우리는 매번 마음보다 발이 더 빨라진답니까? 여유로운 여행, 한가한 여행을 하리라 다짐하고 길을 나섰는데 그저 다짐뿐입니다. 한순간도 허투루 보낼 수 없다는 비장한 각오로 여행을 마치고 나면 밀물처럼 아쉬움이 밀려듭니다. 아! 여유롭게 여행하고 싶었는데….

운동화를 신으면 달릴 준비를 마친 듯 발끝에 힘이 들어가고 뾰족구두를 신으면 나도 모르게 허리가 꼿꼿해집니다. 한 손에 따뜻한 커피 한잔을 들어보세요. 자연스레 걸음이 느려집니다. 산책하기 딱 좋은 속도가 됩니다.

하루쯤 작정해볼까요. 그 하루의 이름은 '산책데이.'

벨기에의 브뤼헤는 느린 산책이 어울리는 도시입니다. 새순이 돋는 초봄이나 낙엽이 지는 늦가을엔 제 옷을 입을 것 마냥 더욱 빛이 나지요. 도시 전체가 세계문화유산으로 지정되어 고풍스런 중세도시의 모습을 그대로 간직하고 있는 데다, 도시 곳곳을 흐르는 수로와 골목골목을 연결하는 수십 개의 돌다리가 산책의 맛을 더합니다. 엄마는 쌉쌀한 커피를, 아이들은 달콤한 핫초코를 손에 들고 울퉁불퉁한 돌길을 걸어볼까요. 예쁜 레이스가게가 나타나고 달콤한 초콜릿가게가 등장합니다. 관광객을 태운 작은 보트가 요란한 웃음을 싣고 수로 위를 떠다닙니다. 성당을 돌아보아도 좋고 박물관에 들어가도 좋지만 하루쯤은 그냥 걸어도 좋은 날을 만들어봅니다. 관광지 가는 방법을 몰라도, 맛집 정보 하나 없이도, 조급하지 않은 날. 그런 하루를 보내보세요. 그런 하루엔 아이들에게 지도를 맡겨봅니다. 어느 길로 들어서든 아이들 몫입니다. 꼬마 가이드가 인도하는 그 길이 가장 흥미진진할 수 있습니다. 물론 가장 파란만장할 수도 있지만요.

돌아오는 길엔 과일가게에 들러 싱싱한 과일 몇 알을 사볼까요. 붉고 단단한 체리도 좋고 알사탕만한 방울토마토도 좋습니다. 열량 보충용으로 초코바도 좋겠지요. 산책에 주전부리는 필수니까요.

네덜란드는 어디에서나 풍차를 볼 수 있을 거라 생각했습니다. 바람의 힘으로 뱅글뱅글 돌아가는 풍차의 원리를 생각하면, 바람이 적당히 불어오는 넓고 트인 곳이어야 할 것이고 물을 퍼 올렸던 용도를 생각하면 바다나 강가여야 마땅합니다. 그럼에도 우리는 암스테르담 한복판에서 기를 쓰고 풍차를 찾았습니다. 아무래도 눈에 띄지 않자 '낚였다!' 며 분통을 터뜨리기도 했습니다(작은 소리로 터뜨려서 아무도 모릅니다).

네덜란드 잔세스칸스Zaanse Schans는 풍차가 있는 작은 마을입니다. 암스테르담에서 기차를 타고 20분, 잔세스칸스 역에서 풍차마을까지 아이들 걸음으로 20분을 더 걸어야 합니다. 마을 사람들이 들락날락하는 빵집에서 아이들 몫으로 동글동글한 치즈빵을, 엄마 몫으로 언제 마셔도 좋은 커피를 삽니다.

요깃거리도 챙겼으니 본격적으로 산책을 시작해볼까요? 단정한 주택들이 줄맞춰 늘어선 동네를 지나면 넓고 푸른 잔Zaan 강이 보입니다. 풍차마을은 잔 강 건너편에 있습니다. 강을 건너려고 다리에 들어섰다가 우리는 깜짝 놀랐습니다. 빨간 신호등에 멈춰섰는데, 자동차가 지나가는 대신 다리가 번쩍 들어올려지네요. 잔 강을 가로지르는 다리는 도개교입니다. 다리보다 키 큰 배가 지나갈 때마다 다리를 열어 길을 만들어 주지요. 커다란 다리 상판이 눈앞을 가로막는 풍경에 아이들 눈이 동그래졌습니다. 다리를 건너면 비로소 초록 들판 위에 서 있는 오래된 풍차들이 눈에 들어옵니다. 풍차마을은 우리로 치면 민속촌같은 곳입니다. 풍차가 보존되어 있어 내부로 들어가 살펴볼 수 있고 치즈공장과 나막신 공장도 구경할 수 있습니다. 지금은 공장이라기보다는 판매점의 기능이 크지만, 아직도 가게 한쪽에선 돋보기 쓴 할아버지가 민나막신에 색을 입히고 키큰 청년이 오래된 기계를 돌려 나막신을 만들어 보입니다. 풍차마을은 우리나라 단체여행팀에게도 필수코스여서 운 좋으면 나막신 만드는 과정을 한국어로 들을 수도 있습니다(귀동냥이지만 집중해서 듣는 영어설명보다 귀에 쏙쏙 박힙니다).

풍차마을은 볼거리가 그리 많지 않는 곳입니다. 풍차가 있는 풍경, 그게 전부입니다. 대신 너른 들판 사이로 난 오솔길을 따라, 졸졸 흐르는 좁은 시냇물을 끼고 걸을 수 있습니다. 쫀득한 치즈빵 한 개, 향 좋은 커피 한 모금이면 이 느긋한 산책이 완성됩니다.

아이가 좋아하는 그림책《헨리는 피치버그까지 걸어서 가요》속 주인공 헨리와 친구는 시골구경을 하러 피츠버그에 가기로 합니다. 친구는 기차표 살 돈을 모으기 위해 열심히 일을 하고 헨리는 열심히 숲 속을 걸어갑니다. 피치버그에 도착한 친구가 말합니다. "기차로 오는 게 더 빨랐어." 헨리가 말합니다. "나는 딸기를 따느라 늦었어."

하루쯤, 헨리의 시간을 가져볼까요. 딸기를 따느라 늦어도 좋은 시간 말입니다.

산책하기 좋은 곳은 볼거리가 많지 않을수록 좋습니다. 눈을 사로잡히지 않으니까요. 사람들이 너무 뜸한 곳은 적당하지 않습니다. 여행지에서 '우리뿐'이 되는 상황은 아이들에게 큰 두려움을 줍니다. 이 산책의 가이드는 지도를 손에 든 아이들입니다. 그러니 길을 잃지 않도록 크지 않은 마을을 선택하세요. 내색하지 않지만 아이들도 여행에서 긴장한답니다.

'산책데이,' 아이들에게 지도를 맡기는 날입니다.

느리고 엉성한 꼬마 가이드의 뒤를 졸졸 따라가는 시간입니다.

천천히 걸으며 온몸으로 햇살의 무게와 바람의 향기를 느껴볼까요?

벨기에 브뤼헤 (위)
네덜란드 잔세스칸스 (아래)

열정을 확인해봐요

아이들에게 물놀이라는 선물을 준비했다면, 엄마에게는 공연관람이라는 선물을 준비합니다.

영국을 여행할 때 우리는 뮤지컬 공연을 보기로 했습니다. 재미있고 감동적인 뮤지컬들 중에서 하나를 선택하는 건 쉽지 않은 일입니다. 우리의 선택은 '맘마미아' 였습니다. 선택기준은 딱 하나, 제가 보고 싶은 공연이었기 때문입니다. 눈이 시원해지는 풍경, 밝고 경쾌한 줄거리, 듣고 싶은 명곡들! 고민할 이유가 없었습니다.

공연은 엄마가 결정하세요! 이 시간은 엄마를 위해 준비한 시간입니다. 아이들을 위한 공연이었다면 '맘마미아' 보다는 '라이언킹' 이나 '빌리 엘리어트' 가 더 적합하겠지요. 공연을 결정할 때 공연의 내용만큼 중요하게 고려해야 할 부분이 있는데요. 바로 관람

시간입니다. 대부분의 여행자들은 저녁공연을 관람합니다. 여행지에서 꽉찬 하루를 보내고 피곤에 절어 있는 여행자에게 저녁시간은 긴장이 풀리고 피로가 몰려오는 시간입니다. 더구나 뮤지컬의 본고장인 런던은 여행의 첫 도시인 경우가 많습니다. 시차도 적응되지 않은 상태에서 두세 시간의 저녁공연은 숙면에 그만이지요. 어느 여행자는 가파르게 경사진 공연장 3층 좌석에서 졸다가 구를 뻔했다고 하더군요.

모든 정보를 고려하여 공연을 결정했습니다. 런던여행을 시작한 지 열흘째, 시차적응 완료입니다. 어느 공연보다 경쾌하고 신나는 노래를 즐기는 공연이니 영어대사에 집중할 필요도 없습니다. 절대로 졸리지 않을 겁니다! 하지만 아이들은 잠이 들고 말았습니다. 시끄럽거나 말거나 옆 사람이 일어서서 춤을 추거나 말거나 꿋꿋하게 잤습니다. 7만원짜리 공연티켓을 세 장 끊고 들어가 아이 둘이 잠들었으니 21만원짜리 공연을 본 셈이군요. 아이들 위주로 공연을 선택했다면 본전 생각 좀 났겠지요?

이왕이면 공연날만큼은 청바지와 운동화를 넣어두고 공연장에 어울리는 의상을 입어보세요. 어제까지 가방 속에서 천덕꾸러기였고 내일이면 다시 애물단지가 되겠지만, 원피스 한 장 샌들 한 켤레가 공연의 밤을 더욱 특별하게 만듭니다.

음악의 나라 오스트리아에서는 클래식 공연을 감상하고 싶었습니다. 모차르트, 슈베르트, 요한 스트라우스, 베토벤 등 수많은 음악가가 태어나고 거쳐 간 도시 빈에서 음악이 빠진 일정은 상상하기 어려웠습니다. 하지만 한편으론 걱정스러웠습니다. 아이들에게 유익한 시간이 될까? 런던에서처럼 그저 자장가가 되는 건 아닐까? 또 한번의 심사숙고 끝에 우리는 오케스트라보다 조금 캐주얼한 공연을 선택했습니다. 입장료마저 무료이니 비싼 티켓값에 대한 본전 생각도 나지 않을 공연이었습니다. 빈 국립음대 학생들의 발표회입니다. 음대 학생들은 발표회를 겸한 공연을 수시로 여는데 성악부터 독주회, 앙상블, 협주까지 다양한 형태의 공연을 무료로 감상할 수 있습니다. 따로 신청할 필요도 없으니 우리는 시간에 맞춰서 공연장으로 찾아가기만 하면 됩니다.

빈에 머무는 기간 동안의 공연스케줄을 출력해 두었다가 시간여유가 생긴 어느 저녁, 공연장을 찾았습니다. 그날은 성악전공 학생들의 리싸이틀이 예정되어 있었습니다. 작은 오페라극장을 연상케하는 우아한 공연장에 하나둘 관객들이 모여들었고, 학생의 가족이나 친구로 보이는 그들은 반갑게 인사를 나누었습니다. 동양인 한 명 없는 그들 사이에서 우리 세 식구는 이방인이었지만, 공연이 시작되자 금세 같은 마음을 가진 관객이 되었습니다. 긴장한 기색이 역력한 무대 위 학생들에게 격려와 응원의 박수를 아끼지 않는 가족이 되었습니다. 우아한 드레스를 입고 멋진 턱시도를 차려입은 다국적 학생들의 진지한 공연에 빠져들 때쯤 작은아이는 잠에 빠져들었습니다. 눈을 끔벅거리며 금방이라도 잠들 것 같은 큰아이도 한국인 유학생의 공연이 끝나자마자 잠들고 말았습니다. 쌩쌩 불어대는 겨울바람을 헤집고 다녔으니 따뜻하고 훈훈한 공연장이야말로 잠들기 딱 좋은 장소입니다. 게다가 보드라운 노래까지 들려주고 있으니까요.

결국 1부 공연이 끝나고 쉬는 시간에 공연장을 나섰습니다. 아이들은 여전히 비몽사몽이고, 숙소까지 가는 길은 한참입니다. 하지만 프로 성악가로 발돋움하는 젊은이들의 열정을 느끼고 돌아오는 그 길이 멀지 않았습니다. 아이들은 잠들었고 공연의 마무리도 지켜보지 못했지만 후회스럽지 않았습니다. 본전 생각도 없었고 잠들

어버린 아이들을 타박하지도 않았습니다. 이 공연은 엄마가 선택한 공연이었으니까요. 아이들이 즐겨준다면 더 고맙겠지만 그렇지 않았다고 실망할 필요도 없었습니다.

오스트리아 여행칼럼니스트 카트린 지타는 저서 《내가 혼자 여행하는 이유》에 "당신이 원한다면, 그리고 스스로 그럴 가치가 있다면 몇 푼을 아끼기 위해 원하는 것을 포기하지 말라. 언제나 자신을 최우선에 두도록 하라"고 조언합니다. "내가 나를 잘 돌볼 때, 세상도 내가 잘 여행할 수 있도록 돌봐준다"는 그녀의 말처럼, 내가 나를 귀하게 여기면 세상도 나를 소중히 여깁니다.

비싸고 성대한 공연도 좋고 이름 없는 이들의 작은 공연도 좋습니다. 공연 곡들을 따라 부르느라 목이 칼칼해지고, 박수갈채를 보내느라 새빨개진 손바닥의 따끈한 열감을 느껴보세요. 나도 모르게 어깨에 힘이 들어가고 배실배실 웃음이 새어나옵니다. 문화사치를 누린 내가 더 귀하고 소중해진 느낌이 듭니다.

내가 귀해지는 경험, 놓치지 마세요.

그곳엔 우리를 위해 준비된 공연이 있답니다.

그곳에서 우리의 열정을 확인해보아요!

쇼핑 없는 여행이란 있을 수 없잖아요

프랑스 파리에는 에펠탑만큼이나 여행자들 사이에 유명한 곳이 있습니다. 에펠탑은 준비없이 가도 되는 곳이지만 이곳은 철저히 공부하고 가야 합니다. 한국 여성여행자들에게 에펠탑만큼이나 중요한 랜드마크, '드럭스토어Drugstore' 입니다. 우리말로 '약국' 이라 번역되는 드럭스토어는 의사의 처방전 없이 구입할 수 있는 일반의약품과 화장품 등을 판매하는 곳으로, 우리나라에서 좋은 평을 받으며 고가로 팔리는 상품들이 한곳에 모여 있습니다. 유명 배우 오일, 유명 가수 연고 등으로 불리는 제품이 우리나라 판매가의 절반 혹은 1/3 수준의 가격표를 달고 있더군요. 처음 이 약국에 대한 이야기를 들었을 때 코웃음을 쳤습니다. 쳇! 화장품을 사러 굳이?

하지만 비웃음은 잠시였습니다. 작은아이 아토피에 좋은 로션, 큰아이 여드름에 쓸 만한 세안제, 건조한 내 피부에 필요한 오일, 남편의 머리숱을 지켜줄 샴푸! 단 몇 분만에, 꼭 가고 싶습니다! 를 외치고 말았습니다.

파리 여행의 말미, 쇼핑날이 밝았습니다. 저절로 눈이 떠지고 콧노래가 새어나왔습니다. 촘촘히 진열된 제품들 사이를 돌며 사람들과 몇 번이나 어깨를 부딪쳤지만 조금도 언짢지 않았습니다. 구석구석 돌고 나니 장바구니가 묵직해졌습니다. 점심을 걸렀는데도 배가 고프지 않더군요.

숙소로 돌아가 인터넷으로 한국판매가를 찾아보며 히죽거렸습니다. 한국보다 이만큼 싸니까, 이만큼이 이득이네. 쇼핑 종족의 희한한 셈법입니다.

이탈리아 피렌체에는 명품 브랜드 아울렛이 있습니다. 많은 여행자들이 방문하는 곳이지요. 굳이 제품을 사지 않더라도 관광지 들르듯 빠뜨리지 않는 곳입니다. 근래엔 몰려드는 큰손 중국여행자들 때문에 아침 일찍 가지 않으면 원하는 물건을 얻기가 어렵다고 하더군요.

우리는 다른 곳을 찾았습니다. 시내 한복판에 있는 가죽시장입니다. 피렌체는 가죽제품으로 유명한 도시이며, 수준높은 가죽 기술을 배우러 전 세계에서 많은 예비장인들이 유학을 오는 곳입니다. 시내 가운데에 있는 가죽시장은 전문 숍과 공방 그리고 리어카 노

CLUB
SUPER
PREIS

2,19

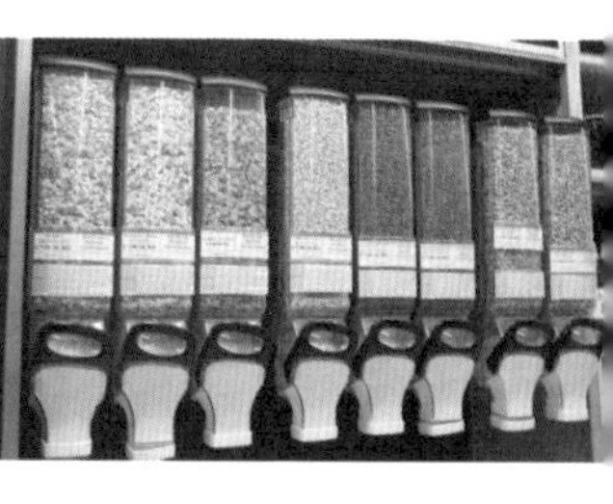

점상이 공생하는 곳입니다. 디자인이 독특하고 다양한 숍에 비해 노점상의 제품은 실용적이고 가격이 저렴합니다. 본인의 취향과 예산을 고려하여 제품을 구입할 수 있습니다. 큰아이가 선물용으로 5유로짜리 똑딱이 손지갑을 노점에서 샀는데 숙소에 돌아와서 살펴보니 색감도 예쁘고 문양도 섬세하더군요. 다음날, 시장에 다시 들러 색깔이 다른 똑딱이 지갑을 몇 개 더 구입했습니다. 주인할아버지가 우리를 알아보고 깎아주시더군요.

피렌체를 떠나기 전날, 다시 한번 가죽시장에 들렀습니다. 이미 몇 번이나 만져보고 걸쳐보았던 오렌지색 크로스백을 하나 구입했지요. 이 가죽가방이 브랜드 이름표를 달고 아웃렛에 들어갔다면 얼마였겠지? 그러니까 얼마를 이득 본 거냐? 이번에도 어김없이 말도 안 되는 셈을 하며 몹시 행복하게 가죽시장과 작별했습니다. 비용이 많이 들지 않으면서도 매번 즐거움을 주는 시장 쇼핑입니다.

굳이 특정장소를 찾아가지 않고도 쇼핑의 기쁨을 넘치게 누릴 수 있는 장소가 있습니다. 아무 때나 아무 곳에서나 마주칠 수 있는 동네 슈퍼마켓입니다. 도시의 슈퍼마켓에 처음 들어설 때 그 설렘과 기대감은 백화점 못지않습니다. 그들에게는 흔하디흔한 식료품 가게일 뿐이지만 우리에겐 흥미롭고 신선한 쇼핑천국입니다. 장 보는 목적 말고 하루쯤 슈퍼마켓에서 쇼핑을 즐겨보세요. 친구에게 줄 2

유로짜리 미니사이즈 프랑스산 화이트 와인, 조카에게 줄 오스트리아 만화 캐릭터가 그려진 초콜릿 과자, 두고두고 아껴 마실 이탈리아 즉석 커피. 일상용품 속에서 보물을 찾아내는 색다른 기쁨을 누릴 수 있습니다. 그 보물같은 선물 꾸러미가 더욱 소중한 건 저렴한 비용 때문이기도 하지요.

남이 가지고 있지 않는 희귀한 구두니까 사야 하고, 남들이 모두 가지고 있는 국민 가방이니까 이것도 사야 하죠. 종잡을 수 없는 여성들의 쇼핑심리를 관통하는 한 가지는 결국 '사는' 기쁨입니다.

쇼핑없는 여행이란 있을 수 없잖아요!

밤의 낭만을 놓치지 말아요

아이들과 떠난 여행에서 '밤' 과 '낭만' 을 논하기 위해서는 시간이 필요합니다. 처음 대면하는 이국의 밤이란 어둡고 인적 없는 불친절한 시간입니다. 소매치기를 당하기도 속임을 당하기도 쉬운 시간이지요. 처음 며칠은 신데렐라 못지않은 투철한 마음가짐으로 해가 지기 전에 숙소로 돌아옵니다. 도시에 익숙해지는 2,3일의 시간이 지나면 비로소 신데렐라를 탈출할 수 있습니다. 저녁을 먹고 숙소 주변으로 장을 보러 가기도 하고, 저녁 외식을 하고 공연을 보기도 합니다. 할랑거리는 버드나무 가지가 처녀귀신 머리칼 대신 고운 치맛자락으로 보인다면, 어둑해진 거리를 걸을 때 발걸음이 바빠지는 대신 고개를 들어 밤하늘 별을 찾는다면, 이국의 밤에 슬슬 적응하고 있는 것입니다. 이때쯤 '낭만 욕망' 이 고개를 들기 시작합니다.

'어떻게 시간을 내고 돈을 들여 여행을 온 건데! 맨날 초저녁에 들어가서 자야 한단 말인가!'

안테나를 바짝 세우지 않아도 우리 숙소만큼은 편하게 찾아갈 즈음, 도전해보세요!

밤과 낭만을 한번에 즐길 수 있는 야경 투어입니다. 웅장했던 성당도 화려했던 미술관도, 은은한 조명 아래에선 숨을 죽인 듯 차분해집니다. 낯설고 까칠했던 도시가 부드럽고 순해집니다. 야경 감상의 중요 포인트는 높이입니다. 파리 개선문에서 내려다보는 샹젤리제 거리, 피렌체 미켈란젤로 언덕에서 내려다보는 도심 야경이 손꼽히는 이유입니다. 하지만 언제 졸릴지, 언제 힘들다고 징징거릴지 모르는 아이들을 데리고 어딘가를 오르는 일은 말리고 싶습니다. 계단이든 언덕이든 말입니다. 그래서 아이들과 함께하는 여행에서는 유람선이 좋은 선택입니다.

프랑스 파리에서였습니다. 여행에도 도시에도 익숙해진 우리는 어느 저녁 야경을 보러 나섰습니다. 세느 강변을 걷는 것만으로도 행복한데 세느 강 위를 떠다니다니요? 유람선에 오르기도 전부터 설레었습니다. 선착장 한편에 놓인 커피 자판기에서 따끈한 커피를 뽑아 들고 배에 오릅니다. 유람선의 상석은 2층 선상입니다. 늦가을 밤바람이 제법 매섭지만 아줌마의 낭만욕망을 막을 수는 없지요. 목에 두른 스카프가 태극기처럼 펄럭이고, 무릎담요를 한겨울 담요처럼 뒤집어 쓴 작은아이가 콧물을 질질 흘릴 즈음, 드디어 에펠탑이 등장했습니다. 한껏 멋 부린 파리아가씨 같은 에펠탑이 반짝반짝 빛을 내기 시작합니다. 일몰 후 매 시각 정시, 조명쇼가 시작되는 시간입니다. 달달달 떨리는 커피잔도, 질질질 흘러내리는 콧물도 잠시 잊고 지금은 에펠탑만 생각합니다.

한 번의 낭만체험으로 한 달분 낭만이 충전되었습니다.

전망대에 오르지 않고도 유람선을 타지 않고도 밤의 낭만을 느낄 수 있습니다. 프랑스 니스의 프롬나드 데 장글레**Promenade des Anglais**는 푸른 지중해를 옆구리에 낀 산책로입니다. 산책로 건너편으로 세련되고 멋진 호텔과 고급 매장들이 즐비합니다. 그 끄트머리에 밤의 낭만을 제대로 선사하는 장소가 있습니다. 산책길에 우연히 찾아낸, 지중해가 내려다보이는 패스트푸드점입니다. 아이들은 콜라 한 모금, 감자 한 조각을 오물거리며 노트북으로 영화를 보고 저는 뜨거운 커피를 마시며 책을 읽다 가끔 고개를 들어 어둠이 내린 지중해를 바라봅니다. 함께 여행 중인 친구와 두런두런 수다꽃을 피우기도 하고요. 편한 공간, 향긋한 커피, 묵직한 밤바다가 어우러진 시간입니다. 2천원으로 즐기는 최고의 낭만입니다.

아이와 함께 떠난 여행에서 하기 어려운 일 중 하나가 카페에 앉아 커피 마시기더군요. 동네에선 그렇게 쉬웠던 일인데 여행지에선 그 시간, 그 비용에 마음이 내어지지가 않습니다. 별 좋은 카페에 앉아 지나는 행인을 바라보며 에스프레소를 마시는 게 유럽여행의 로망이었음에도 말입니다.

낮 동안의 조바심이 안도감으로 변하는 시간, 하루를 무사히 보낸 나에게 애썼다 토닥여주고 싶은 저녁, 가까운 카페나 패스트푸드점으로 밤마실을 다녀오세요. 낯선 외국의 도시, 외국인들 사이에 섞여 외국의 커피를 마시는 그 시간이, 정말 여행 중임을 실감나게 해줍니다. 익숙한 올드팝이 흘러나온다면 더욱 잊히지 않겠죠. 커피 한잔으로 누리는 이국의 낭만적인 밤입니다.

전망대는 높고 유람선은 춥고 카페 밤마실도 여의치 않다면 '밤의 낭만' 은 포기해야 하는 건가요? 천만에요.

이탈리아 오르비에또에서 우리는 아그리투리스모Agriturismo라 불리는 농가주택에 묵었습니다. 내비게이션이 길을 찾지 못해 동네 사람들에게 물어물어 찾아가야 할 정도로 인적이 드문 곳입니다. 아담한 농가주택의 침실 창을 열면 눈앞으로 포도밭이 펼쳐집니다. 가로등 하나 없는 시골마을에 밤은 금세 찾아옵니다. 포도밭은 온데 간데 없고 창 너머로 보이는 건 오직 까만 어둠뿐입니다. 작은 별들이 밤하늘을 가득 메우고 알싸한 한기를 품은 공기가 네모난

창으로 밀려들어옵니다. 따뜻한 커피가 그리워지는 시간입니다.

주방에 있는 모카포트에 커피가루를 담아 불에 올리고, 그 사이 아이들 잠자리를 봐줍니다. 노린재를 피해 다니느라 낄낄거리더니 어느새 잠이 들었습니다. 화르륵 끓어오른 커피를 커다란 머그잔에 부어 침실 창가로 돌아옵니다. 새소리 벌레소리마저 없습니다. 별빛만이 소리 없이 빛나고 있는 완벽한 고요의 시간입니다. 책을 덮고 음악도 잠시 꺼둔 채 이탈리아의 겨울밤을 느껴봅니다.

상쾌한 머리, 차분한 마음, 향기로운 코 끝 그리고 지금 혼자. 모닥불이 없어도 멋진 선배가 없어도 넘치게 낭만적입니다. 낭만이 꼭 달달하지 않아도 된다면 이탈리아의 겨울밤은 그 자체로 낭만입니다.

도심의 낭만과는 차원이 다른, 낭만마저 청정한 시골의 밤을 놓치지 마세요.

낭만의 종류가, 그 크기가 제각각일지라도 그 짧고 사소한 낭만이 우리를 계속 여행하게 합니다.

세상에 뿌려진 시간만큼

아이들과 떠나는 여행이 생각보다 고단한 일이라 할지라도 떠날 수 있다는 건 '더 가진' 이의 호사입니다. 돈이거나 시간이거나 혹은 용기라도 더 가진 이지요. 여행이란 지극히 개인적인 시간이지만 당연한 누림이라 여기지 않고 우리에겐 의미 있고 세상에는 이로운 시간이었으면 좋겠다, 라는 생각이 들더군요.

하지만 대단한 기술이나 재능이 있어 적극적인 봉사활동을 할 수 있는 것도 아니고 뛰어난 예술감으로 한국의 이름을 드높일 수도 없는 노릇입니다. 그건 의료인이나 송중기의 영역이지요.

큰아이에게 물었습니다.

"좀 더 의미 있고 이로운 여행을 하면 좋겠어. 어떻게 여행하면 될까? 우리가 무얼 할 수 있을까?"

"우리가 할 수 있는 것만 제대로 하면 되지 않을까. 규칙 잘 지키고 약속 잘 지키고 질서 잘 지키고! 여행에서 남은 돈은 유니세프에 기부하고!"

미술관, 박물관에서 큰소리로 이야기하지 않고, 가이드라인을 지키며 작품을 감상합니다. 공공화장실을 깨끗하게 사용하고 우리가 타고 온 기차나 버스에서 내릴 때엔 깔끔하게 정리하고요. 하루를 머물든 1주일을 머물든 숙소를 나올 때는 처음과 같이 정돈해 둡니다. 정해진 곳에 쓰레기를 치우고, 사용한 식기류는 설거지한 후 제자리에 놓아두고요. 남은 음료수나 간식에 '프리 푸드Free Food'라고 메모한 쪽지를 붙여 다음 여행자에게 유용하게 쓰일 수 있게 합니다. 사용하지 않은 샴푸 등의 욕실용품은, 그것이 우리 몫으로 배정된, 그러니까 우리의 숙박비에 비용이 포함된 비품이라 할지라도 필요하지 않다면 그냥 남겨둡니다. 숙소를 떠날 때엔 한국에서 준비해간 김치 모형 열쇠고리나 한복을 입은 아이들 모양의 냉장고 자석을 테이블 위에 올려두었고요. 잘 쉬었다는 쪽지와 함께. 여행 내내 Thank you와 Please를 아낌없이 사용합니다. 돌아오는 비행기 안, 남겨둔 동전을 유니세프 봉투에 탈탈 털어 넣습니다.

그렇게 여행했습니다.

여행에서 돌아오니, 숙소 주인들로부터 메시지가 도착해 있었습니다.

It was a pleasure to host Kim and her two cute children. They are very friendly and clean people and also before leaving left us a gift for our children! thanks for being our guest! (Antonio)
Kim과 귀여운 두 아이들이 우리 집에 묵게 되어 기뻤어요. 매우 다정하고 깔끔한 사람들이에요. 그리고 떠나기 전에 우리 아이들에게 선물까지 남겨두었네요! 우리 게스트가 되어주어서 고마워요! (안토니오)

Beautiful family from South Korea. Mum with 2 extraordinary kids: sensitive, kind and lovely: I wish them the best. (Niccolò)
한국에서 온 아름다운 가족이에요. 엄마와 범상치 않은 두 아이들은 세심하고 친절하고 사랑스러웠어요. 최고에요. (니꼴로)

Kim, her son Poorin and her daughter Joon are a lovely family, very united and kind. Guests reserved but friendly at the some time. (Roberto)
Kim, 아들 푸린, 딸 준은 사랑스러운 가족이에요. 잘 결속되어 있고 상냥해요. 내성적인 편이지만 때때로 다정다감하답니다. (로베르또)
(아이들의 이름을 적어줬는데, 거꾸로 기억하고 있네요)

Very nice guest! tidy and polite. (Laura)
깔끔하고 예의바른 아주 좋은 게스트에요! (라우라)

우리가 할 수 있는 사소한 기본을 지켰을 뿐인데 응답은 과분했습니다. 세상에 뿌려진 우리의 시간이 이로운 영향을 주었다고 말할 순 없지만 해로운 시간은 아니었군요. 단연코!

아이들과 떠나는 엄마여행자에게 기본을 지키는 여행을 권합니다. 규칙을 지키고 약속을 지키고 질서를 지키는 여행 말입니다.

기본이 모여 세상은 더 견고해집니다. 기본을 지키며 자란 아이가 기본이 통하는 세상을 만들 수 있지 않을까요?

달라지길 바래

여행에서 돌아오면 한동안 아이들을 지켜봅니다. 관심있던 세계사를 더 깊이 있게 탐구하고, 영어의 필요성을 제대로 느껴 영어공부를 본격적으로 하겠다고 나설지도 모르니까요. 귀한 여행을 하게 해준 엄마 아빠에게 감사하는 마음이 생겨날 수도 있을 거구요.

TV 다큐 프로그램에 등장하는 아이들도 그렇고 여행 예능 프로그램에 출연해 힘들다고 투정부리던 어린아이들마저도 여행 말미엔 부모님의 노고를 이해하고 감사해 하더군요. 감사의 표시가 정해진 대본이었다 할지라도 시청자의 눈에는 진심으로 비춰졌습니다. 하물며 여행서는 말해 무엇하겠습니까? 여행 내내 부모님과 허심탄회한 이야기를 나누고 서로 이해하며, 부모와 자녀 모두 서로의 소중함을 몸소 느끼는 엔딩이 대부분이지요.

그런데 이 엄마의 소박한 기대가 과했던가 봅니다. 어떤 변화의 조짐도 없었습니다.

아이들과 떠나는 여행은 부질없는 일일까요? 달라지기는커녕 가지고 있던 지식마저 시험 끝난 문제집 내다버리듯 깨끗이 정리한 것 같은 큰아이. 귀한 여행에 감사하기는 커녕 친구들과 가지 못한 워터파크 타령만 하는 작은아이. 가자미눈을 하고 아이들을 흘겨보기 전에 잠시 숨을 고르고 제 마음을 들여다보았습니다.

너른 세상을 보여주는 게 목적이지 아이에게 대단한 변화가 있기를 기대하는 건 아니야, 라고 생각했는데 그 마음이 진짜가 아니었나 봅니다. 넓은 세상, 다양한 사람들에 자극을 받아 공부의지를 불태우길 바랐고, 그들과 영어로 소통하며 언어의 필요성을 불끈 느껴 자발적으로 배우길 바랐던 모양입니다. 내가 가고 싶은 프랑스, 내가 보고 싶은 뮤지컬, 내가 먹고 싶은 파스타를 먹으며 아이들에게 소중한 경험을 하게 해준다는 그럴 듯한 핑계를 대고 있었던 모양입니다. 사실 우리가 여행을 통해 바랐던 건 아이들과 보내는 솔직하고 꾸밈없는 시간이었고, 기쁘고 즐겁고 슬프고 힘들었던 추억을 나누어 갖는 것이었는데 말입니다. 여행이라는 시간이 아이들의 가슴 한구석에 보석처럼 박혀 평생 빛이 나는 사람으로 만들어주기를 바랐는데 말입니다. "즐거운 추억이 많은 아이는 삶이 끝나는 날까지 안전할 것" 이라는 도스토예프스키의 말처럼 말입니다.

아이들과 떠나는 여행의 모든 이유는 아이들이었습니다. 아이들을 위해서 여정을 짜고, 더 좋은 숙소를 찾아 묵게 하고, 기억에 남을 만한 체험을 준비했습니다. 아이들을 위해 최선을 다했습니다.

그런데 곰곰이 생각해보면 말입니다. 이 여행을 핑계 삼아 마흔의 아줌마가 유럽여행을 경험할 수 있었습니다. 아이들 덕분에 용기를 낼 수 있었고, 그 힘으로 무사히 여행을 마치고 돌아올 수 있었습니다. 떠날 수 있게 하는 이유도 강해지게 하는 이유도 모두 아이들이었습니다. 여행을 떠나는 가장 좋은 핑계는 아이들이었지만 여행의 최대 수혜자는 엄마였습니다.

소심하고 수동적인 큰아이는, 적극적으로 나서지는 않지만 언제나 다음날 교통편을 확인해 두었습니다. 설레발이 요란스러운 아이가 아니었을 뿐 조용히 제 일을 하는 아이였습니다. 동네 이름도 나라 이름도 기억하지 못하는 작은아이는 알파벳만 간신히 뗀 영어실력으로 제가 운전하는 동안 표지판 한번 읽어주지 못했습니다. 대신 엄마가 좋아하는 음악을 찾아서 들려주고, 운전하는 엄마의 어깨를 오랫동안 주물러주었습니다. 영어는 까막눈이지만 엄마 마음을 알아채는 데는 천리안이었습니다.

여행은 아이가 달라지는 시간이 아니었습니다. 일상에서 보지 못한 아이의 귀한 장점을 알아보는 시간이었습니다.

전문가의 도움으로 말썽쟁이 아이가 달라지는 프로그램의 말미엔 언제나 비슷한 결론이 납니다. 아이들은 달라졌고 부모는 감동 어린 눈길로 아이들을 바라봅니다. 그리고 이야기합니다.

"우리 아이에게 이런 모습이 있었네요. 몰랐어요."

여행을 마치고도 별 수 없이 같은 대사를 읊게 됩니다.

달라지길 바래, 라는 글의 제목 대신 새 제목이 필요해 보이네요.

아이들의 진짜 모습을 엄마가 '알아주길 바래!'

여행하기 좋은 때는 없다

아빠 없이 '우리끼리 여행'을 처음 떠날 때 큰아이는 5학년, 작은아이는 다섯 살이었습니다. 다섯 살, 장거리 여행을 떠나기에는 어린 나이입니다. 큰아이는 겁이 많고 소심했으며 작은아이는 좀처럼 걷지 않는 아이였습니다. 저 역시 겉보기엔 씩씩하고 강하지만 속으론 아이들과 떠나기로 한 여행을 수천번 수만번 후회했던 유약한 엄마였습니다. 아무래도 여행을 떠나기에 적합한 구성원은 아닙니다.

두 번째 '우리끼리 여행'은 큰아이가 중학교 입학을 앞둔 6학년, 작은아이가 여섯 살때 떠났습니다. 여섯 살, 여전히 어린 나이입니다. 이제 중학생이 될 큰아이에게 여행보다 선행이 필요한 시기입니다. 이미 달리기 시작한 아이들과 같은 레이스를 펼쳐야 하니 달리지 않으려면 걷기라도 해야 할 상황입니다. 성적에 연연하지 않는 쿨한 엄마였으면 좋았겠으나 새가슴 엄마는 기어이 수학문제집을 싸들고 여행길에 올랐습니다. 영국 런던에 있을 때 지망중학교를 선택하라는 연락을 받았고, 프랑스 니스에 있을 때 졸업작품 작업을 연기해주십사 하는 연락을 학교에 보냈습니다. 이제 곧 중학생이 될 거라는 사실을 한시도 잊을 수 없었습니다.

세 번째 '우리끼리 여행'을 떠날 때엔 작은아이가 초2, 큰아이는 중3이었습니다. 비로소 작은아이가 초등학생이 되었고 오빠보다 더 꼼꼼하게 짐을 꾸리는 꼼꼼소녀가 되었습니다. 중3인 큰아이는 엄마보다 더 커졌습니다. 더 커진 몸과 키만큼 아이를 동행하는 걱정과 염려도 커졌습니다. 아이는 중3이니까요. 이제 곧 고등학생이 됩니다. 중학생이 되는 것과는 차원이 다른 이야기였습니다. 아이의 행복을 위해 여행을 떠난다는 건 씨알도 먹히지 않는 이야기였습니다. 아이의 행복을 위한다면, 고등학교 대비를 시켜야지요!

걱정스럽다는 듯 쳐다보는 주위의 시선을 심각하게 느꼈고, 처음으로 진지하게 고민하게 되었습니다. 결론은 하나였지만 그 결론을 얻기까지 머릿속은 천가지 만가지 생각이 가득했습니다.

너무 어린 다섯 살, 중등 준비를 해야 하는 초6, 고등 준비를 해야 하는 중3. 여행하기 좋은 때는 단 한번도 없었습니다.

너무 어린 다섯 살 아이를 데리고 떠난 첫 '우리끼리 여행'에서 너무 어린 다섯 살 꼬마를 엄마와 오빠는 한마음으로 돌보았습니다. 떼쓰는 아이를 달래고, 남긴 음식을 먹어치우고, 잠든 아이를 업고…. 그 일을 우리는 나누어 했습니다. 그리고 우리는 이런 게 가족이구나 하는 마음을 갖게 되었습니다. 너무 어린 다섯 살 꼬마가 없었다면 가지지 못했을 감동이었습니다. 같이 먹고 같이 자는 의미 말고, 같은 어려움과 같은 감동을 나눠가지며 단단해지는 게 '가족'이라는 의미를 알려주기에 딱 좋은 때가 아닐까요?

중등 준비를 해야 하는 초6 아이를 데리고 떠난 두 번째 '우리끼리 여행' 당시, 초6 아이는 자신의 관심분야가 생겨나고 있었습니다. 세계지리와 근현대사에 관심이 많았던 아이는 영국에서 넬슨 제독을, 프랑스에서 나폴레옹을 만났습니다. 아이는 신이 나서 해박한 지식들을 풀어놓았고 그때마다 우리는 진심으로 엄지손가락을 들어 "좋아요"를 외쳤습니다. 칭찬과 감탄은 아이에게 자부심이 되었고 '세계사'라는 분야는 아이에게 끝없이 헤엄치고 싶은 영역이 되었습니다. 물이 필요한 물고기에게 바다를 만나게 해준, 딱 좋은 때 아닐까요?

고등 준비를 해야 하는 중3 아이를 데리고 떠난 세 번째 '우리끼리 여행'에서 아이는 완벽한 휴식을 취했습니다. 고상한 말로 휴식이지만 주구장창 놀았다는 표현이 딱 적당합니다. 적어도 제 눈에 비친 아이는 만사 걱정 없는 것처럼 보였습니다. 하지만 정작 아이는 그렇지 못했나 봅니다. 앞으로 겪게 될 고등학교 생활에 대한 기대와 염려, 친구들이 공부하고 있는 시기에 자신은 여행을 하고 있다는 불안함을 무시할 수 없다고 아이는 털어놓았습니다. 눈에 비치는 아이의 겉모습과 마음속을 열어보인 아이의 진짜 모습은 달랐습니다. 생각이 깊었고 예상치보다 훌쩍 자라 있었습니다. 몸이 떠난다고 해도 감당해야 하는 현실이 있다는 것, 오늘의 즐거움은 내일의 힘겨움을 담보하고 있다는 것을 설핏 알아가는 것 같았습니다. 아이는 그렇게 성장하고 있었습니다. 생각이 자라고 마음의 깊이를 더하기에, 딱 좋은 때 아닐까요?

여행하기 좋은 때는 없습니다.

여행하기 좋은 때는, 결심하는 바로 그때입니다!

부/록

너무 사소하지만 진짜 궁금한! Q&A 35

▶ 여행 전

1 어느 계절에 가면 좋을까요?

아이들과 여행하기 좋은 시기는, 학교 출석과 학습에 지장을 받지 않는 여름방학과 겨울방학입니다. 하지만 방학의 본래 의도가 더위와 추위를 피해 휴식을 취하는 기간이라는 점을 상기한다면 이 시기의 여행 역시 좋은 선택은 아닙니다. 신나는 물놀이 여행이나 신비로운 빙하 여행 등 계절적 특성이 반영된 여행이 아니라면 여행하기 가장 좋은 계절은 봄과 가을입니다. 땡볕 더위, 차가운 겨울바람을 견디며 여행을 하는 건 몇 배나 고생스러우니까요. 초등학생의 경우, 체험학습 기간을 이용하여 예쁜 계절에 여행하길 추천합니다. 체험학습 이용이 부담스러운 중고생의 경우, 더위와 추위를 테마로 한 여행을 떠나거나 더위와 추위가 덜한 나라를 골라 떠난다면 방학기간에도 흡족한 여행을 즐길 수 있겠지요.

2 학기 중에 여행을 가면 학교는 결석인가요?

학교장 재량에 따라 허용된 체험학습 기간(7~14일)을 초과하는 경우, 결석에 해당됩니다.

3 아이들이 몇 살쯤 여행하기 좋은가요?

제 몫의 작은 짐을 책임질 수 있고, 가이드북이나 스마트폰을 이용해 필요한 정보를 찾을 수 있으며, 여행이라는 특수한 환경과 특별한 상황을 이해할 수 있는 정도의 신체적 · 정서적 능력이 갖추어진 시기가 적당합니다. 초등학생 이상이라면 충분하겠지요. 엄마 혼자 아이들을 데리고 여행하거나 긴 여행은 더욱 그렇습니다.

4 영어를 어느 정도 해야 자유여행이 가능할까요?

본문에서 '생존영어' 라고 표현한 것처럼, 여행을 유지할 수 있는 최소한의 영어능력을 갖추고 떠나길 추천합니다. 이동하고 먹고 자는 데 필요한 표현들을 익혀두고 귀를 열어 적극적으로 들을 준비를 마치면 충분합니다. 주눅 들지 않고 되물을 수 있는 용기도 추가입니다!
휴대폰에 번역 애플리케이션을 설치해두면 더 든든하겠지요.

5 엄마 혼자 아이들을 케어할 수 있을까요?

네, 할 수 있습니다! 분유를 먹거나 기저귀를 갈아야 하는 유아가 아니라면 혼자서도 충분합니다. 여행지에서는 아이들도 긴장하고 집중합니다. 여행 전체에 대해, 하루하루의 일정에 대해 아이들과 의논하고 이야기를 나눈다면 아이들도 제 몫을 해내려고 애씁니다. 혼자서 아이들을 책임지겠다는 생각은 여행을 훨씬 힘들게 합니다. 아이들과 서로 돕고 의지하는 여행을 하겠다고 생각하세요. 어린 아이에게서도 부산스러운 아이에게서도 분명 도움받을 일이 있습니다.

6 남유럽 vs. 서유럽, 런던 vs. 파리? 어디가 좋을까요?

'여행기간, 계절, 여행자의 성향 등을 고려하여 여행지를 선택' 하는 것이 정답입니다만 선배여행자들의 경험을 추려보면 첫 여행은 유럽 고유의 문화를 느낄 수 있는 서유럽을 추천합니다. 우리에게 친숙한 장소나 풍경이 많아 낯선 곳이라는 심리적 부담이 덜하며, 여행자가 많은 만큼 여행자를 위한 제반시설이 잘 갖추어져 있어 초보여행자도 어려움 없이 여행할 수 있습니다. 여름엔 보다 서늘한 북유럽을, 겨울엔 덜 추운 남유럽을, 유럽여행 경험자에겐 동유럽 여행을 주로 권합니다. 하지만 이는 어디까지나 통계일 뿐, 가족의 성향과 기호를 반영하여 선택한 여행지가 가장 좋은 곳입니다.

▶ 여행 준비

7 모든 숙소는 예약해야 하나요?

네! 아이들과 떠나는 여행이라면 일정 중 모든 숙소를 예약하길 권장합니다. 숙소를 예약하는 일은 시간이 걸리고 신중하게 결정해야 할 일입니다. 여행을 하며 현지에서 직접 숙소를 선택하는 경우 고정된 일정에 얽매이지 않아 더 자유로운 여행을 할 수 있지만 다음날 숙소가 결정되지 않았다는 불안감과 빨리 결정해야 한다는 조바심이 생겨 스트레스가 됩니다. 안정된 여행을 하면서 일정에 매이지 않는 여행을 원한다면, 무료 취소가 가능한 숙소 위주로 예약합니다. 현지에서 취소나 추가 숙박을 자유롭게 처리할 수 있어 유연한 여행이 가능합니다.

8 식당은 반드시 예약해야 하나요?

대부분의 캐주얼한 식당은 예약 없이 이용할 수 있습니다. 상황에 따라 기다려야 하기도 하지만 별도의 예약이 필요하지는 않습니다. 다만 예약제로 운영하는 곳, 지역의 이름난 레스토랑은 예약이 필요합니다. 직접 방문하거나 전화로 예약할 수 있으며 인터넷 예약이 가능한 곳도 있습니다. 원하는 시간, 인원, 방문자 이름 정도만 전달하면 예약이 가능하니 전화예약을 두려워하지 않아도 됩니다. 영어가 통하지 않는 지역이라면 숙소 직원이나 현지인에게 예약을 부탁하는 것도 좋은 방법입니다.

9 기차표 꼭 예매해야 할까요?

대륙간, 도시간 이동을 할 경우엔 반드시 예매해야 합니다. 안정적인 여행은 물론, 현지에서 구입할 때보다 훨씬 저렴하게 티켓을 살 수 있습니다. 여행 중 인근도시로의 이동이나 짧은 나들이를 위한 근거리이동 티켓은 현장에서 구입해도 무방합니다. 가까운 곳으로의 나들이식 이동은 현지의 날씨나 몸 컨디션을 고려해 진행하는 편이 좋으니까요.

10 아이들과 야간기차를 타는 건 힘들까요?

야간기차는 이동과 숙박을 동시에 해결할 수 있는 유용한 이동수단입니다. 하지만 야간에 이동을 하고 좁은 공간에서 불편한 잠을 자야 합니다. 침대칸을 이용하면 경비도 만만치 않습니다. 그럼에도 아이들과의 여행 중 가족끼리 머무를 수 있는 침대칸을 예약하여 야간기차를 타보는 경험을 추천합니다. 덜컹거리며 달리는 기차 안에서 뿌연 새벽을 맞이하는 경험은 새롭고 인상적입니다. 지루하지 않게 간식거리와 오락거리를 준비하면 좋습니다. 이른 아침 목적지에 도착하므로 체크인을 빨리 할 수 있는 숙소로 정해둔다면 야간기차 여행의 피로를 덜어낼 수 있겠지요. 단, 일정 중 야간열차 이동은 한 번의 경험으로 충분합니다!

11 여행경비 중 얼마를 현금으로 가져가야 할까요?

1주일 미만의 여행에서는 경비 모두를 현금으로 가져가는 게 편리합니다. 1주일 이상의 여행이라면 전체 경비의 절반 가량을 현금으로 소지하고 나머지 금액은 현지에서 인출하는 방식이 안전하면서도 편리합니다.

12 항공권을 출력해서 가져가야 하나요?

네! 출력해서 가져가야 합니다. 항공권 출력본을 요구하지 않거나 휴대폰에 저장된 파일만으로 수속에 문제가 없는 경우도 있습니다. 하지만 항공사에 따라 반드시 출력해야 한다는 규정이 명시되어 있거나 미출력시 추가요금이 발생하는 경우도 있으니 모든 항공권은 출력해서 소지하는 편이 좋습니다. 기차 등의 티켓도 출력해서 소지합니다.

13 캐리어와 배낭 중 어떤 걸 가져가는 게 좋을까요?

캐리어와 작은 배낭의 조합이 적당합니다. 거칠고 울퉁불퉁한 돌바닥을 헤쳐가야 하고 엘리베이터 없는 숙소에서 캐리어를 불끈불끈 들어야 할 때도 있지만 20킬로그램에 육박하는 배낭을 어깨에 지고 다니는 것 보다는 해볼 만합니다. 때때로 지쳐버린 아이의 배낭이 추가되기도 하고 묵직한 기념품 꾸러미가 보태어지기도 합니다. 늘어나는 짐을 캐리어의 바퀴와 나누어 가진다면 여행이 한결 가벼워집니다.

14 가이드북을 가져가야 할까요?

가져가자니 무겁고 놓고 가자니 불안합니다. 가능한 가져가는 쪽을 추천합니다. 여행하려는 도시나 국가가 여러 곳이라 무게가 부담스럽다면 주요 국가나 도시 중심으로 분철을 해도 좋습니다. 정보를 추려내 따로 가이드북을 만들고 휴대폰에 사진파일로 저장해 두었다고 해도 현지에서 의외의 정보가 필요할 수 있으니까요. 도시를 떠나는 날, 숙소에 남겨두고 오면 다음 여행자에게 요긴한 선물이 되겠지요.

15 김치, 고추장, 김 가져가야 할까요?

가족의 입맛에 맞추어 결정합니다. 음식을 가리지 않는 가족이라도 외지에선 한식이 그리운 경우가 있으니 냄새나 무게 부담이 없는 김 정도는 챙겨 가면 유용합니다. 현지의 한인슈퍼나 아시안 마켓에서 구할 수 있으니 과하게 챙길 필요는 없습니다(비싸긴 합니다만).

16 호텔에 머물 예정인데, 미니밥솥을 가져가야 하나요?

주방이 구비된 숙소가 아닌 경우, 호텔 객실에서 취사를 하는 행위는 엄격히 금지되어 있습니다. 객실에 전자렌지나 전기주전자가 없다면 비슷한 용도의 전열기구 사용을 제한한다는 뜻이고요. 여행 중 미니밥솥을 이용해 객실에서 밥을 짓거나 라면을 끓이거나 혹은 즉석밥을 데우는 모든 행위가 결국 숙소의 규정에 반한다고 볼 수 있습니다. 취사가 필요한 경우라면 취사가 가능한 숙소를 예약하길 권하며 전자렌지나 전기주전자가 필요한 경우엔 직원에게 도움을 청하면 됩니다.
전자렌지에 즉석밥을 데워달라고 부탁했을 때, 전기주전자나 뜨거운 물을 부탁했을 때 직원들은 성심껏 도움을 주었습니다.

17 항공권은 항공사 홈페이지에서 사야 하나요?

일반적으로 기간이 한정된 여행을 하기 위한 항공권은 할인항공권을 판매하는 사이트에서 구입합니다. 할인항공권이란 여행기간, 마일리지 적립 요율, 여정 변경, 환불 규정 등을 차등 적용해 정규항공권보다 저렴한 가격으로 판매하는 항공권입니다. 할인항공권 판매 사이트에서 여정이나 조건 등을 고려하여 구입합니다. 항공사가 자사 홈페이지에서 회원을 대상으로 특가항공권을 판매하는 행사를 하기도 합니다. 정보를 얻고자 하는 항공사에 회원가입하면 특별 이벤트 정보를 받을 수 있습니다.

▶ 여행 중

18 수하물 무게가 초과되면 어떻게 해야 하나요?

일반적으로 일반 항공사는 20~23kg의 수하물을 허용하며 성인과 아동 모두 동일한 규정이 적용됩니다. 하지만 구입한 항공권에 제한규정이 있거나 저가항공사의 경우 수하물 위탁을 위해 별도의 비용을 내야 하기도 하니 항공사의 항공권 규정을 살펴보아야 합니다. 일단 수하물 무게가 초과되면 추가비용이 발생하고 한계 무게를 넘으면 위탁 자체가 불가능합니다. 짐을 덜어내 기내에 들고 갈 가방에 옮겨 담거나 항공택배를 이용해 짐을 따로 배송해야 합니다. 기내 휴대 수하물은 10~12kg에 한해 허용되므로 무게가 초과되는 일이 없도록 합니다.

19 여권과 항공권의 영문이름이 다르면 어떻게 해야 하나요?

여권과 항공권의 영문이름은 모든 철자가 반드시 동일해야 합니다. 다를 경우 탑승이 거절될 수 있습니다. 항공권의 규정에 따라 영문명을 수정할 경우 별도의 수수료가 부과되기도 합니다. 출발 직전 알게 되었다면 발권 데스크 직원의 안내에 따라 처리합니다. 출국시간에 임박하여 귀국편 항공권의 영문이름을 수정하지 못한 채 여행을 떠난 적이 있는데, 여행지에서 항공사 홈페이지에 직접 접속해 수정을 요청하고 수수료를 송금하는 등 번거로운 작업이 필요했습니다. 문제가 있을 경우, 항공사 데스크가 있는 출국장에서 모두 해결하고 여행을 시작하길 권합니다.

20 장거리 비행은 힘들 것 같아요. 어떻게 시간을 보내면 좋을까요?

좁은 비행기 안에서 긴 시간을 보내야 한다는 건 몹시 피곤하고 힘든 일입니다. 활동량 많은 아이들과 함께라면 더욱 그렇겠지요. 책이나 태블릿 PC, 노트북 등을 활용하여 주로 시간을 보냅니다. 우리나라 국적기가 아니더라도 우리나라에서 출발하는 비행기에는 우리나라 음악이나 영화가 탑재되어 있고, 인기 드라마가 탑재되어 있기도 합니다. 개인적으로 좋아하는 예능 프로그램을 준비해가면 훨씬 즐겁게 시간을 보낼 수 있습니다. 아이들은 색칠놀이, 종이접기 등 손놀잇감 몇 가지만으로도 충분합니다. 기내식 먹고 영화보고 종이접기하고 한숨 자고 일어나 한번 더 기내식 먹고 나면 어느새 도착하니까요. 물리적인 시간은 길지만 준비를 하면 충분히 견딜 만한 시간입니다.

21 여권 원본은 꼭 들고 다녀야 하나요?

여권은 신분증이므로 항상 휴대하기를 권합니다. 여권 사본으로 대신할 수 있는 경우도 있겠으나 상황에 따라 유동적입니다. 신용카드를 사용할 때 여권 제시를 요구하기도 하지만 그렇지 않은 곳도 있습니다. 여권 사본을 신분증으로 인정하는 곳도 있지만 원본만을 인정하는 곳도 있는 등 국가와 업소에 따라 적용기준이 다릅니다. 분실이나 도난을 염두에 두고 항상 주의를 기울이며 소지하도록 합니다.

22 여행 중 휴대폰 사용은 어떻게 하나요?

1주일 미만의 여행일 경우, 국내에서 무제한 로밍서비스를 신청하거나 휴대용 와이파이 공유기를 대여해 떠나면 편리합니다.

1주일 이상일 경우엔, 현지에서 심카드를 구입하는 편이 경제적입니다. 데이터, 문자메시지, 통화량 등의 용량이 설정되어 있으니 사용빈도와 사용량을 고려해 구입합니다. 심카드를 구입한 뒤 휴대폰 내의 유심카드와 교체하는데 이로써 현지 통신사의 새로운 번호를 갖게 되는 거지요. 한국에서 사용하던 번호는 사용할 수 없습니다. 휴대폰에 저장되어 있는 정보는 그대로 남아 있으니 채팅앱을 이용한 채팅과 통화는 가능합니다.

최근엔 국내에서 심카드를 구입할 수 있는 곳이 늘어나면서 미리 준비하고 떠나는 여행자도 많아졌습니다. 사용자의 후기를 참고해 구입하되 사용법을 정확히 파악하고 떠날 수 있도록 합니다.

23 로밍해서 가면 현지에서 휴대폰 언어가 영어로 바뀌나요?

로밍이란, 가입된 통신사가 제휴하고 있는 다른 통신사의 통신망을 이용할 수 있는 서비스를 말합니다. 여행지에 도착하면 현지의 통신망을 이용하게 되므로 통신망은 달라지지만 휴대폰 자체의 언어나 기능, 내장된 정보는 동일합니다.

24 한국에 있는 가족과 통화하고 싶어요.

와이파이를 이용할 수 있는 곳에서 카톡, 라인 등 채팅앱을 이용해 무료로 통화할 수 있습니다. 음성통화는 물론 영상통화도 가능합니다.

25 비앤비나 아파트에 묵을 때, 신발은 신고 있나요?

숙소에 따라 숙소주인의 성향에 따라 다릅니다만 대부분 우리가 원하는 방법을 선택했습니다. 처음 비앤비에 묵었을 때 주인에게 물었더니 우리 마음대로 편한 쪽으로 하라더군요. 집 안에서 신발을 신고 있다는 게 익숙하지 않았을 뿐만 아니라 깔끔하게 청소된 숙소를 우리끼리 머물 참이니 신발을 벗고 생활하기로 했습니다. 주방을 공동으로 사용하는 비앤비에서는 공용공간을 다닐 때에는 가벼운 샌들이나 슬리퍼를 신고 이동하기도 했습니다. 우리끼리 공간에선 맨발로, 공용공간에선 실내 슬리퍼를 신고 다니는 정도면 깨끗하고도 편하게 묵을 수 있겠네요.

26 식당에서 물은 사 먹어야 하나요?

우리나라와 달리 식당에서 물을 사 먹어야 합니다만 식당에 따라 물을 무료로 제공하는 경우도 있습니다. 사 먹는 물은 시판되는 생수이며, 무료로 제공되는 물은 주로 탭워터(tap water)라고 부르는 수돗물입니다. 음용이 가능한 식수지만 지역에 따라 맛이나 성분이 다를 수 있습니다.

27 아이와 레스토랑에 가고 싶을 때에는 어디로 가면 좋을까요?

레스토랑의 외관으로는 캐주얼한 곳인지 격식을 갖춘 곳인지, 식사를 하는 곳인지 술을 마시는 곳인지 구분하기 어려울 수 있습니다. 저는 외부에서 분위기를 살펴 가족 단위 손님이 있는지 확인합니다. 외부에서 확인하기 어려운 경우에는 직접 물어봅니다. 아이들과 식사하려고 하는데 가능하냐고 물으면 확실하게 알 수 있을 뿐만 아니라 아이들을 배려한 좌석을 안내해주기도 합니다.

28 아이가 화장실이 급할 땐 어떡하나요?

공중화장실이 보인다면 문제없지만 대부분의 아이들은 화장실이 사라지는 순간 다급해지지요. 빌딩에 있는 상가 화장실을 이용하겠다는 기대는 하지 않는 게 좋습니다. 더 급해지기 전에 카페나 레스토랑, 패스트푸드점에 들어가세요. 아이 덕분에 쉬어가는 거지요. 패스트푸드점의 경우 화장실을 이용할 수 있는 비밀번호가 영수증에 표기되어 있기도 합니다.

비밀번호가 설정된 화장실이라면 영수증을 잘 살펴보세요!

29 종이 지도가 좋은가요? 휴대폰 지도가 좋은가요?

도시 전체를 파악하기엔 종이 지도가 유용합니다. 도시가 한눈에 들어오는 종이 지도를 보며 대략적인 방향과 동선을 설정할 수 있습니다. 공항이나 여행자정보센터에서 구할 수 있으니 꼭 챙겨두길 권합니다. 지역에 따라 유료인 경우도 있습니다. 휴대폰 지도는 온라인과 오프라인으로 나누어 활용합니다. 온라인 지도는 현재 위치에서 원하는 목적지로의 이동을 실시간으로 도와줍니다. 현재 위치를 파악하고자 할 때, 길을 잃었을 때, 요긴합니다. 하지만 통신이 원활하지 않을 경우엔 사용할 수 없는 단점이 있습니다. 오프라인 지도는 출발지와 목적지까지 경로를 미리 휴대폰에 저장해 이용할 수 있습니다. 데이터 통신 사용이 불가능한 지역에서도 저장해 둔 파일을 보며 이동할 수 있는 장점이 있지요. 종이 지도, 휴대폰 지도 모두 각각의 고유한 장점이 있으니 서로 보완하여 이용하길 추천합니다.

30 영어권 이외의 나라에서는 영어가 전혀 안 통하나요?

영어권 이외의 나라에서도 관광지나 여행자를 많이 상대하는 가게와 식당에선 영어로 의사소통이 가능합니다. 관광지를 벗어난 동네의 식당이나 슈퍼마켓 등에서는 대체로 영어가 통하지 않습니다만 운좋게 영어를 할 수 있는 종업원이나 손님이 있을 경우 도움을 받을 수도 있습니다. 전혀 도움을 받을 수 없더라도 기본적인 단어나 바디랭귀지, 뉘앙스 등으로 최소한의 의사전달은 가능합니다. 그마저 어려울 경우에 대비하여 휴대폰에 번역 애플리케이션을 설치해 활용합니다.

31 화장실에 갈 때 돈을 내나요?

네. 1유로 미만의 사용료를 지불합니다. 박물관이나 미술관 등 공공시설 내부에 있는 화장실은 무료인 곳도 있고 사용료를 지불하는 곳도 있습니다. 지하철이나 기차역 화장실 입구에 돈을 받는 직원이 상주하기도 합니다. 동전교환기가 설치되어 있어 지폐 교환이 가능하며, 어린아이는 무료로 사용할 수 있게 배려해주기도 합니다. 유료시설인 만큼 깔끔하고 청결합니다.

32 갑자기 돈이 떨어졌을 때 송금 받으려면 어떻게 해야 할까요?

여행자들에게 편리한 글로벌 체크카드를 만들어 두면 쉽게 송금받을 수 있습니다. 체크카드와 연결된 계좌에 가족 등 친지가 입금하면, 소지한 체크카드를 이용해 여행지에서 현금을 인출할 수 있습니다. 갑작스런 도난이나 사고, 질병 또는 여행기간 연장 등으로 긴급 자금이 필요한 경우 대사관에서 지원하는 '신속해외송금지원제도'를 활용할 수 있습니다. 여행자의 국내연고자가 외교부계좌에 입금하면 대사관이나 영사관에서 여행자에게 긴급 경비를 지원하는 제도입니다.

33 분실, 도난을 당했어요. 어떻게 조치해야 할까요?

여권 분실에 대비해 복사본과 여권용 사진 2장을 준비해 둡니다. 여권 분

실시, 가까운 경찰서에 신고하고 폴리스 리포트(Police Report)를 받습니다. 해당 국가의 대사관에 연락해 여권재발급을 신청합니다. 재발급 신청시 여권 복사본과 사진, 폴리스 리포트가 필요합니다. 여권 복사본이 없을 경우라도 여권번호, 발급일자와 만료일자를 알고 있다면 재발급이 가능하니 메모하거나 사진으로 찍어두기를 권합니다. 여행하려는 국가에 도착하면 현지 한국 대사관으로부터 연락처를 포함한 문자메시지가 자동수신됩니다. 저장해 두면 긴급할 때 도움을 청할 수 있습니다. 분실과 도난의 경우에도, 인근 경찰서에서 폴리스 리포트를 받아 두어야 여행자보험의 규정에 따른 보상을 받을 수 있습니다. 현금은 도난이라 할지라도 보상받기 어려운 경우가 많습니다. 한국어나 영어 통역이 가능한 곳도 있으니 해당 경찰서에 문의해 원만하게 처리할 수 있도록 합니다.

34 아이들이 박물관과 미술관을 재미있게 즐길 수 있는 방법 있나요?

1. 팸플릿에 소개된 대표 작품만 찾아 감상한다.

2. 어린이용 활동책자(Activity Book)가 따로 구비되어 있는지 확인하여 활용한다.

3. 관람보다 기념품 쇼핑을 먼저 한다. 대표작품이나 인기작품 중심으로 기념상품을 제작하였으므로 자연스럽게 작품에 대한 흥미를 높일 수 있다. 작품이 실린 어린이용 그림책이나 컬러링북을 구입해 작품 감상을 할 때 활용하는 것도 흥미를 유지하는 데 도움이 된다.

4. '나만 아는 작가 & 나만 아는 작품 찜하기' 식의 감상테마를 정해 관람하면, 대표 작가나 작품 외에 다양한 작품을 재미있게 감상할 수 있다.

탁 트인 야외공간과 달리 박물관이나 미술관 등 실내 장소에 2시간 이상 머무를 경우 '박물관 피로도(Museum Fatigue)' 라는 증상이 발생한다고 합니다. 아이들에게는 이보다 더 빨리 나타날 수 있겠지요. 결국 누구나 아는 원칙, 욕심을 버리고 쉬엄쉬엄 띄엄띄엄 감상하기가 진리입니다.

35 카메라를 꼭 가져가야 할까요?

가져가기를 권합니다. 휴대폰 카메라 역시 편리하고 성능도 좋지만 추후 확대나 인화해서 사용하기에는 아쉬운 점이 있습니다. 여행 후 흔히 만드는 포토북 작업에 사용하기에도 기존 카메라 촬영분이 더 적합합니다. 평소 사용하는 손에 익은 카메라를 가져가는 게 가장 좋은데, 새로운 카메라를 구입할 예정이라면 사용법을 숙지하고 떠나길 추천합니다.